景观设计思维与方法研究

宁沛晔　著

天津出版传媒集团

天津人民美术出版社

图书在版编目（CIP）数据

景观设计思维与方法研究 / 宁沛晔著. -- 天津：
天津人民美术出版社，2024.4
ISBN 978-7-5729-1516-1

Ⅰ．①景… Ⅱ．①宁… Ⅲ．①景观设计－研究 Ⅳ.
①TU983

中国国家版本馆CIP数据核字(2024)第065946号

景观设计思维与方法研究

JINGGUAN SHEJI SIWEI YU FANGFA YANJIU

出　版　人：杨惠东
责任编辑：刁子勇
助理编辑：孙　悦
技术编辑：何国起　姚德旺
出版发行：天津人民美术出版社
社　　址：天津市和平区马场道 150 号
邮　　编：300050
电　　话：(022)58352900
网　　址：http://www.tjrm.cn
经　　销：全国新华书店
印　　刷：三河市嵩川印刷有限公司
开　　本：700 毫米×1000 毫米　1/16
版　　次：2024 年 4 月第 1 版　第 1 次印刷
印　　张：12.25
印　　数：1—500
定　　价：69.80 元

前　　言

　　景观设计属于一门历史悠久，同时也是相当新颖的学科，农业时代，中西方文化内部的造园艺术、风景审美艺术等等，一方面属于具有极高价值的技术和文化方面的遗产，另一方面同样也属于现代意义之中景观设计学的立足之本。现代意义模式之中的景观规划设计，由于工业化在发展过程中，就自然环境以及个体内在、外在的多方面负向性作用而衍生，将统筹人和自然之间的彼此联系，并当做主体性的目标。

　　设计属于文化的一类，涵盖人为作用元素，以及人文角度的思维观念。设计融合在大众的日常生活中，鲜明地呈现出时代阶段的物质性条件发展，以及科技发展的实际水平，同时在社会意识形态范畴中衍生出相关的作用。其同社会的文化等内容角度，具备着大量的关联性，由此衍生为文化现象的一类，鲜明地显示出文明文化的发展实况。

　　设计的目标不仅是目前的大众生活，更为关键性的目的，在于大众今后的发展，以及大众收获更具可行性的生活方式与品质，以及更具和谐性的内外部环境条件。时代带给设计更加充实的内在意蕴，以及更深层次的价值。

　　从本质角度而言，设计的最终目的，在于令大众所生存的世界更具有情理性，使得大众和全部的生物、自然界内部的关联性更趋和谐，持续性地推动大众生活方式的优化，完善大众的外部生活条件，把大众的生活引领向一种更为合理化的成熟境界。

　　所以，设计作为设制创新大众的崭新生活方式、促动社会时尚文化前进的关键性渠道，越发展现出一种优势性的、无可取代的意义。

　　景观设计的目的，在于完善区域以及社会内部的实际环境，抑或是实现部分美学角度的目的，从而就地标等元素开展的设计实践工作。其关联到目前环境内部的生态等元素的综合性调研，同时规制出能够衍生正向预期成效的设计，抑或是相关联的干预手段。

　　本书就景观设计学习过程中应当了解的基础性内容，展开整体性的综合论述。本书的构造以及具体内容的设置方面，尽可能地实现具备精准的概念定义，清楚通透的逻辑以及易懂的语义构造等方面的元素。

　　本书对现代化景观设计的思维特质属性进行概括性剖析，深入论述了我国现代化景观设计的具体工作思路以及策略手段。妥善处理了新一代景观设计师在实际工作中的种种疑问，由此汲取了崭新的启示与灵感。

目　　录

第一章
景观规划设计概述

第一节　景观与景观规划

一、景观

(一)景观的含义

在当下的生活中,"景观"这个词语得到了相当普遍的运用,然而,细细思考其内涵,在相异的阶段内存在着相当鲜明的区别性。

在英语语言中,"景观"这个词语的起源,来自希伯来文本的《圣经》旧约全书,原型是"landscape",用以刻画圣城耶路撒冷所罗门王子所拥有的富丽堂皇的神殿,具备着相当程度奥秘感的庙宇等建筑。这个时期,景观能够被认知成风景,抑或是景色等含义,具备着一定的视觉美学意味。

现代英语中,景观一词诞生于 16 世纪和 17 世纪的交接点,属于勾勒自然风光的绘画领域的专门性学术语言,起源为荷兰语,具体的内涵是"描绘内陆自然风光的绘画",从而和肖像等类型的事物产生差异性。

之后,还泛指被进行绘画的客体,也就是自然景色以及田园风光,同时还被用以阐述某一区域内部的地形,抑或是能够由某一节点观察的视觉环境。18 世纪,英国园林设计师纷纷把绘画当作园林设计的范本性内容,把风景绘画作品内部的相关主题以及具象化的造型构造,移至园林设计活动中,如此一来,创造成型的景观形式和风景绘画存在一定的近似性,由此,把景观这个词语和造园一词进行了联结。

19 世纪之后,相异专业就景观一词的定义阐述愈发呈现出繁杂态势。当下,就景观展开的探索调研,大体集中在生态学等学科。

由于"景观"属于专业名词,从艺术的视角而言,景观属于具备审美意义的真实性景物,属于看客由观感等多角度的官能体验均可以认知到的具象化的美;从精神层面而言,景观属于作用于大众精神状态的存在;从生态层面而言,景观属于可以很好地统筹大众以及自然环境内部的生态平衡性发展的存在。

景观属于大众所喜爱的自然条件,也属于大众的栖身地,还属于一种人工打造出的自然条件下的工艺成果,属于应当经由具象化的科学分析,才可以得到认知的真实物质系统。

景观的含义,为土地及土地上的空间和物体所构成的综合体。它属于一种繁杂的自然活动进程以及大众的活动于自然大地之中的深刻印记。

(二)景观的内容

景观属于多样化效能的载体性物质,能够被认知以及阐述为以下述内容:

(1)风景——视觉审美的空间以及环境。

(2)栖居地——大众生存的空间以及环境。

(3)生态系统——具有内外在联系的有机性整体系统。

(4)符号记载大众的过往岁月,传递希望与梦想的具象化环境语言以及思维空间构造。

二、规划

环境规划自身具备一种过于强大的科学属性,在实践过程中,需要耗费过于庞大的人工投入,针对过往呈现出一种过分性的专注状态,同时,绝大多数选取的均为二维类型模式。

在《明日之城》(Cities of Tomorrow)一书中,彼得·霍尔(Peter Hall)提出了一个问题:"规划会逐渐消失吗? 而后又会怎样?"他对此的回答非常谨慎:"规划不会全部消失。"

关于理想化的自由主义以及经济持续性发展方面的种种期冀,使得规划在20世纪80年代走向了低谷,同时将柏林墙进行了瓦解,这一类型的发展趋向,当下同样为多样化的政府规划带来了一定的危机感。

优质的环境,近似于个体具备良好的身体健康情况,能够为他人直观感受到,然而,却很难能够为它做出一种精准的概念定义。

以优化环境为目的,规划师群体应当深刻地认知与地理知识方面产生关联性的生理学等学科。医生群体观察得出,针对表面解剖学的具体研究工作,相较于针对种种内在具体因素的具体研究工作而言更加容易一些。

然而,医生无法把人类身体中的种种病患视为表层的皮肤问题。同样,规划师也不可以单纯于视线范畴之中,进行环境质量的优化。理论知识、思维活动、工作信念以及具体的实操技法,属于其能够顺利完成工作的必要元素。

(一)科学与规划

于治疗前夕,首当其冲的应当是开展诊断工作,这是毋庸置疑的规律。然而,规定性的规划几乎无法由既存事物的科研活动内部进行汲取。大卫·休谟是一名经验主义哲学家,他主张"应该存在的"不可以单纯由"现在存在的"事物内部进行汲取。其具体的研究方向为道德领域,从规划视角而言,这一类型的哲学同样具有相当程度的价值。

以高速公路规划为例。整体性的规划过程如下:一是开展关联性的调研,观察得出大众借助机动车当作交通工具的现象逐渐变得普遍化;二是开展针对客观的以及目的地的剖析解读,具象化地列出机动车的来源地,机动车不是不应当得到一定的出行限制;三是绘制道路平面图;四是开展实施大众意见征求会,推选出最为优质的路线方向,道路规划中应当依据这一条具体路线开展建设工作;五是建设款得以拨放,进行工程的实施。

悄无声息之间,高速公路的规划工作人员,在进行崭新道路的设计工作过程中,同样选取了上述具体模式。若是这一模式得到采用,近似性的研究便能够衍生出近似性的结论,直至国际范畴内的全部城市均演变为铺满了沥青的荒漠,建筑物被掩盖于机动车的流动大潮之中——演变为这一类型的毫不理智的、伪科学化的规划工作的可怜可叹的纪念碑。

科学属于经由就推理以及观察的实际运用方得以展示的。推理以及观察,属于一种精妙绝伦的工具性活动,然而,它们能够衍生出的效果存在着一定的局限性。古希腊哲学家柏拉图的洞穴寓言,便关联着大众知识以及理解力方面的束缚性矛盾。

柏拉图把大众比拟成因禁于洞穴内的犯人,仅可以观察到山坡之中投射出的阴影,并无法观察到投出影子的物体。尽管当今社会的大众所置身的"洞穴"范畴是广阔的,然而,目前的科技水平依旧不能够挣脱出此洞穴,墙壁呈现出的表面现象。

因为匮乏于人类的存在原因等方面的具体知识理论,大众仅仅通过自身的评判以及内心所怀的信仰开展辨别活动。科学可以给出部分问题的答案。

未来世界的人们可能会认为,20世纪属于科学的世纪。世纪初期,启蒙角度的相关思想理念为大众提供了一定的信念与信心,大众坚定不移地认为,科学推理能够引导社会迈入一种具备相当程度的发展可能的黄金时代。

(二)地理学与规划

地图制作以及规划正在慢慢改变,同时二者愈发呈现于趋近的姿态。调查法以及绘图法这两种研究方法,就地理学和规划形成了相当程度的作用性价值。

动词规划(to plan)源自于名词规划(Plan),动词规划的含义,即为于平面载体之中展开的二维投影活动。

地理学(geography),这个词汇源于词根"geo"以及"graphein",其中,geo代表的是地球,另外一个语根graphein代表的是"记录"。

地理学这门学科,属于阐述地球的具体表面状况,同时对种种现象的衍生原理进行阐述与论证的科学。达尔文出现前,基督教徒通常认为,地球的形成时间是六天。后来,达尔文提出的进化理论将此看法进行了改变。

在地理学家调研地球衍生成型的关联性实证过程中,大众意识到,地球是通过无法计量的地质年代发展逐渐演变成型的。

盖基是一名地理学者,其选取并优化了"景观"(landscape)这个词语,阐述出一类相对而言更加进步的世界观。《牛津英文词典》引用了他1886年出版的书,作为景观的第一种解释:"一片广阔的、具有区别于其他区域的特征的土地,被认为是成形过程和自然力的产物"。这一类型的阐述具备着一种鲜明的时代意识,这样的阐述方式,在之后的日子里演变为一种权威属性下的阐述手段。

在盖基出现前,景观一词阐述为"一个理想场所",起源是新柏拉图的相关艺术理论,属于能够进行估价的语汇,尤其契合于阐述规划以及设计的主体性活动目的。

景观绘画工作人员希望把理想化的社会展示于画作中,同时,景观设计工作人员希望能够在房屋的建筑过程中,打造出一种理想化的客观环境。不管怎样,"景观"这个词语所具备的内在意义从未被大众所遗忘:若是谈到"恶劣的景观",此短语便涵盖了大众所重视的内在紧张的含义。

在景观概念衍生出的变革性改变为大众所普遍接纳的时候,规划者便顺理成章地把工作范围扩充至城市范畴以外。规划者考量更加广袤的地理区域,同时把自身的专业范畴从建设技术等角度上实现扩充。

帕特里克·格迪斯被法国地理学所影响,演变为就此变化最具影响性作用的实践工作人员。他一度接受了托马斯·赫胥黎(达尔文的合作人员)生物学方面的授课。他同样属于英国大众之中,把景观建筑师当作专业性头衔进行实践的开创性人员。

格迪斯属于不列颠城镇规划学院创办者的一员,他所发起的"调查—分析—规划"的具象化方法论,把现代时代背景下的地理学以及规划进行了有机的联结。美国规划师协会原本属于美国景观建筑师协会之下的一个具体分支。

(三)现代规划

现代规划令国际间的不同区域变得愈发趋于一致。

科学、教育以及规划,一定能够令国际环境得以优化的信念,源于18世纪的启蒙运动。19世纪,规划演变为道路等多样化公共工程的基本性内容。在德国,这一类的规划得到了一定程度的发展。

20世纪,规划涵盖的具体内容变得愈发大量,开始整体性地强调工业等方面的土地运用种类。这一类型的广袤环境角度,事实上其自身并不存在较为鲜明的问题,属于优质化的存在。专家治国论者所提出的一部分科学手段之中,具有大量的鲜明矛盾。

规划者得到引导,开展单用途区域划分等方面的具体工作,同时构筑出一种把客观存在视为正确的存在,这一类型"存在即合理"负向的、不积极的思维模式。现代规划发展过程中的三大主体性时期,能够以具体的建筑风格进行实际命名。

1. 早期现代规划

20世纪上半期,格迪斯和芒福德带来了一定程度的影响作用前夕,规划侧重的方面为工程技术以及建筑。这一时期,被叫作城市艺术,抑或是城市美化运动时代。

设计以及绘画工作的投入,均关注于城市的外观风貌方面。规划被视为一种大规模的建筑设计,跨越过往那种单体建筑仅重视街道以及立面设计的现象。

2. 中期现代规划

20世纪20~30年代,就地理这门学科变革活动更为深刻的认知,令规划师展开了分区规划等方面的活动。把一个有机体的几部分细化成相异角度的具体内容。虽然已经存在格迪斯的相关理论认识,然而,规划师群体并非就生态环境引起重视,却更为广泛地投入物质空间环境内部。

在中期现代规划中,主体性的内容为规划的具体文本以及二维平面角度的具体规划图,具体涵盖城镇规划等等。中期现代规划已然对原本的建筑角度进行了跨越,它的主体性目标,在于精准地进行土地利用规划方面内容的具体制定工作,规避住房被建造于工厂附近,抑或是具备相当程度价值的农业用地之中。

这便使得规划的具体概念相对来说更加强调密度调节等方面的具体工作。城市被规划师当作节点,以及能够被进行具体定义工作的用地区,由中心位置辐射至外围,存在着相应的轴向交通线,以及相异水平的密度梯度。

在中期现代规划得以发展的同时,规划专业工作者大多数属于具备着相应社会科学背景的实践工作人员,他们应当涉猎政治学等方方面面的具体学科。在这之后,规划专业的具象化目标呈现出愈发广袤的发展可能,已然彻底地脱节于建筑学这一固态化的框架之中,规划工作从一种大规模模式下的建筑设计工作,演变为一种小规模模式下的具体城市管理工作。具备具体形态的规划以及设计工作,逐渐淡化了艺术的元素。

3. 后期现代规划

20 世纪 60～70 年代,规划工作者构筑出一类方法手段,重点关注规划工作内部存在的生物学以及生态学方面的相关思想理论,依旧强调土地的实效性运用以及道路交通方面的内容,它还被叫作系统规划。规划工作者将自身当作极为公正的专家,帮助另外的专家进行工作方面的统筹,从而妥善处理相关衍生出的问题以及矛盾。

"指挥环境专业的乐队",由此于现实允许的条件之下,构筑出最为优质而美好的社会。麦克洛克林以及查德威克即为这一类型方法手段的主张者。规划工作者应当妥善处理的这部分具体问题,属于层级较高的问题,关联到土地的实效性运用等方面。

现代主义具体进行规划活动的所有过程,都是假设规划可以提供给城镇,抑或是区域的今后发展,以一种单调化的呈现,比方说一种具体的道理、手段等。在科学不断发展的过程中,规划开始呈现出百家齐放的局面。

这一类型的方法手段,令规划方案变成了一种通用性的存在,不管此方案所针对实施的城镇区域,属于世界上的哪一个角落。相异区域内部的具体规划之中,涵盖的未来实景会存在着一定的、不太明显的区别,这一类型的区别更为普遍的是来源于提出构思的具体时期,而并非区域特质属性,抑或是该区域本土大众的集体思路以及愿望。

规划活动所强调的内容,近似于一种时尚性的事物,持续性地衍生出一定的改变。这一年规划的内容为环路,下一年也许会为一种延展性的城镇扩充规划,继而为立足于环路的市中心再构规划,普及对于保护地带的规划,接着为公园角度的具体规划,普及商务属性下的公园建设以及大规模的商城等等,继而对于交通工作中的矛盾进行规划。大部分的规划工作,是通过规模较小的社会工作群体实现的。

三、景观规划

景观设计由于其内部涵盖大量的规划元素,所以也被叫作"景观规划设计",景观规划设计的原型,在中国国内,为过往的"风景园林设计"。景观规划设计和建筑等多方面的元素均存在着相当程度的联系性,由宏观角度的大规模实际景观,至微观角度的小规模实际景观,由热门的旅游景区,至路边随处可见的绿化带,均包含在其中。

景观规划设计实践的具体范畴,涵盖除了建筑外,室外空间内部的整体性设计。微观模式下的具体景观规划设计大体涵盖庭院以及别墅方面的设计工作,建筑面积也许仅为数十平方米;中观模式下的景观设计大体涵盖广场设计等,建筑面积不均,大致为几公顷至几百公顷;宏观模式下的景观规划具体涵盖国家公园规划等等,建筑面积的具体计数单位为平方公里。

因为环境元素所衍生出的相应改变,景观规划设计能够交融在景观生态,令景观规划工作更为广泛地拥有理论角度,以及科学角度方面的支撑,演变为设计工作内部无法取代的一环。因为景观都市主义得到壮大,通过景观引领建筑的思维模式逐渐兴起,景观会演变为今后 20 年之中,规划设计角度工作的坚实性后盾,以及中心性的引领力。

(一)景观规划和传统模式下园林建筑之间的差异性

1. 园林在前,景观在后

圃的含义为菜地以及菜园;囿的含义是一片被圈起来的土地,早期进行圈养的,为野生性质的动物类型,动物在受到人类的驯化之后,演变为家养动物。之后,皇室慢慢脱节于自然环境,迁移至宫殿之中,把自然环境进行精缩,构筑出园林这样的存在。

发展至现代,因为工业的不断进步,以及大众民主思想的持续性深化,还有大众为了保证自身身体健康的实际所需,过去的园林往往是属于显贵人家,到了当今时代,园林得以开放,演变为旅游场所,抑或是公园。

2. 景观规划更为重视精神方面的文化

建筑以及城市应当重视精神方面的文化,重视功能以及技术手段,同时妥善处理大众的生存矛盾,景观规划,应当妥善处理大众的精神享受矛盾,所有的构筑工作均应当针对此中心问题开展。

景观规划的基础性内容,涵盖软质以及硬质两大角度,比方说水等元素,属于软质景观,比方说墙等元素,属于硬质景观,也可以被叫作建成景观。两大类型的景观都能够衍生出相应的精神方面的文化内容。

我国的传统模式下的景观,比方说秦朝的一池三山,比拟着海上仙山的造型,实现当时的大众对于靠近神仙的一种崇敬式愿望,在传统模式下的园林内部,演变为一种典型性的具象化题材。

比如牌坊等类型的景观建筑形式,翔实地记录下了历史上的荣誉与辉煌。欧洲的古老传统景观,将法国巴黎的景观建筑当作典型性的范例,标志着历史发展过程中,不同类型战争的胜利,具备一定的纪念属性。

再比如中世纪时期的拱券、柱式以及附近位置的园林建筑等等,一方面属于专制制度下的衍生品,另一方面也属于宗教环境下的衍生品,传递了宗教的相关精神思想。当今时代背景下的景观设计,通常凭借古代文化抑或是现代时代背景下文化的种种符号语言,阐述人文等方面的精神文化意识。

例如,景观设计内部,往往选取多样化的拱券,柱式等内容形式设计景观空间,展示出一种包容性的文化意识。

3. 面向社会大众的景观规划设计

古代的园林,往往服务于显贵人家,在规格相对宏伟的皇家园林之外,大部分园林属于规格相对更小一些的私家园林,但是,当下的景观规划设计的主体性受众为社会大众,针对某一具体区域。

(二)景观规划设计的具体发展方向

景观规划设计以及风景园林设计专业,塑造为具备生态学等角度的理论知识,以及实操能力的学生群体,是可以在园林公司等类型的工作单位内部,进行森林公园等不同种类的园林绿地的设计等方面工作的专业性工作者。

园林景观设计愈发为建筑等相关行业看好。风景园林景观设计师属于行业发展过程中的关键性人才,整体性的社会层面对其所提出的具体工作要求处于一种持续性上升的状态,风景园林景观设计业,正在慢慢演变为一种为社会大众所关注的职业类型。

风景园林景观设计的具体工作,跳脱出公园等类型景观的构筑范畴,在大地艺术不断发展、生态系统得到持续性优化、旅游经济得以壮大的同时,旅游景区的构筑与完善方面的工作量得到了提升。城市建设工作同样扩充了设计工作者的工作实践领域,比方说生态园区构筑等方面的内容,给予了设计工作者施展能力的良好平台。

第二节　景观规划设计的主体性内容

一、城市规划分支

(一)城市

城市设计代表的是城市的外观形态以及内部的具体空间环境进行的综合性设想,以及配置处理,融汇于整体性的城市规划工作中。在城市设计工作过程中,应当考量通过道路等元素构筑形成的基础性物质元素,以及通过基础性物质元素构筑形成的彼此关联的、存在一定秩序的城市内在空间,以及整体性的城市外观形象,有规模较小的庭院、规模较大的城市广场,直到整体性的城市于客观环境内部的形象。城市设计还有一个名字,即为综合环境设计。

城市设计由大众自主性地进行城市构筑开始,使得以衍生。我国古代存在着为数不少的城市设计典例,比方说明清时期的故宫,打造出一种雄伟而生动的、独特的空间环境,属于城市设计工作中的典型性代表作品。

在我国大量的古代城市内部,比方说影壁等元素,于空间布局等角度,均实现了极为精妙的构思创意以及具体的建设工作,衍生出具备自身独到风格的城市空间环境。古罗马等时期,衍生了大量闻名于世的宫廷花园等建筑类型,同样属于古代城市设计工作中的典范式代表。

现代城市的衍生,使得城市所具备的具体功能愈发变得多元而繁杂,推动城市设计工作中的主体性指导理念以及设计手段衍生出相当程度的改变。现代城市之中,规划者开展的城市设计工作,从技术水平等多层次的角度而言,属于开创式的存在。

20世纪以来,特别是二战之后,国际范畴内部不同国家,在城市设计方面展开了大量的实践性工作。比方说,旧城区的再次改造,大规模绿化带等多方面的设计建设工作,均属于城市设计的结晶。

当下,我国现有的景观规划设计以及城市设计交融依旧置身于一种兴起的水平之中,在城市设计范畴中,规划等方面的专业均具备着相应的地位。但是,在美国已经存在为数不少的城市设计实践,这部分设计主体性的操作者为景观规划设计师。其中的原因在于,空间布局组织,大体是通过融汇于整体性城市内部的开放性空间景观进行统筹的。

城市设计是以开放空间为着眼点的,辅以开放空间,将建筑逐一布局,继而进行部分形象角度的考量。

景观肩负着统领开放性空间的职责,同城市设计之间的关联性具有相当程度的价值,并非单纯属于一般所讲的风貌规划,应当由景观规划设计的层面出发,由绿地等元素为入手点,首当其冲的,是向城市提供基础性的"空地"。

(二)历史文化名城

这里所说的历史文化名城,代表的是经国务院批准公布的保存文物特别丰富,并且具有重大历史价值或者革命纪念意义的城市。中国就历史文化名城的列入标准有如下三点:

首先,城市经历了相当悠长的历史年代,依旧留存有相对多样化、完整化的文物古迹,具备相当程度的艺术等方面的实际价值。

其次,城市所具备的内部现状,以及具体现存风貌依旧留存有一定的历史特色属性,同时具备相应的能够凸显城市传统的街区。

最后,文物古迹大体布局于市区以及郊区,科学化地运用这部分历史文化遗产,能够就此城市的具体布局等方面的元素起到关键性的作用。

对历史文化名城进行保护的具体内容应当涵盖民俗精粹、传统文化等多方面的实际内容。保护工作的主体性目标,应当依照保护客体的目前状况以及具体属性进行决策,同时也应当考量到地区经济文化发展过程中所提出的实际需要。

历史文化名城保护,从国际视角而言,可以归结为一种典范式的景观规划设计。一方面历史文化名城的特质化属性,属于开展景观规划设计工作的关键性参照中的一种,另一方面,景观规划设计工作,同样属于对历史文化名城实行保护工作的主体性方式。

在我国,长时间以来衍生出的主体性概念为,历史文化名城保护,属于城市规划工作中的一种主要职责。事实上,在契合于城市规划原则提出的具体实际所需之后,采取景观规划设计的具体理论手段,进行相关的保护工作,可以得到更为出色的效果,比方说瑞士的伯尔尼等。

(三)城市绿地系统

城市绿地系统规划,代表的是就多样化的城市绿地展开定位等方面的工作,构筑出具备可行性构造的空间机制,完成绿地具备的生态等方面的实效性效能。城市绿地系统规划,属于城市的整体性布局规划工作中的关键一环,也属于统筹城市绿地方面的翔实具体规划,以及城市绿地构筑工作中的关键性参考内容。

城市绿地系统规划通常而言存在两大类型。

1. 城市整体性规划的构成元素

它的具体职责,为调研同时评判城市发展过程中所具备的自然元素,统筹城市绿地和另外不同类型的建设用地之间存在的联系,切实落实生产防护绿地元素的规划量方面的主体性内容。

2. 专项规划

《城市规划编制办法实施细则》第十六条提出的"必要时可分别编制"的城市绿地系统规划指第二种形式。它的主体性职责在于,将城市整体性规划等类型的规划元素当作基础性的依托,预估评判城市绿化工作内部的多样化发展指标,在规划期内能够达到的发展能力,整体性地布局统筹不同层级的城市绿地,切实落实绿地系统的构造、效能,以及于相应规划期内应当妥善处理的主体性矛盾;切实落实城市主体性园林设施等方面的内容,由此实现城市以及内部大众针对生态、休闲角度所提出的实际所需。这是城市的整体性绿地以及多样化层级展开的综合性规划。

具体涵盖下述几点。

(1)切实落实城市绿地系统规划工作中的主体性目标和一般原则;

(2)依照国家统一的规定,城市在发展过程中所提出的具体生态发展需要,以及国民生产水平等方面的元素,探索城市绿地构筑工作的发展速率、能力,从多样化的角度大体拟定出具体实施工作中的不同具体指标;

(3)就绿地进行科学化的选取以及布局工作,切实落实绿地的位置等方面的元素,使绿地能够同城市整体性规划的空间构造契合,构筑出具备可行性的完整机制;

(4)发起多样化绿地于改造等角度的具体建议,明确树种、生物的多元化保护以及构筑的具体规划性内容,落实具体的实施手段等方面的内容;

(5)编撰城市绿地系统规划的具体相关文件;

(6)就关键性的公园绿地发起科学性、可行性的规划设计策略,拟定关键性区域绿地设计内容文件,便于今后的规划工作中能够进行实效性的利用。

二、城市绿地规划

(一)城市绿地类型划分

这里所说的城市绿地,代表主体性的存在为自然以及人工方面植被的城市内部用地。其涵盖两大角度的具体内容:首先,为城市建设用地范畴之中,肩负着绿化主体性责任的土地。其次,除了城市建设用地以外,城市景观等方面的内容,也能够起到相应的正向性影响,绿化环境相对完善的地点。

此概念构筑于最大限度地对绿地所具备的实用效能等方面内容产生认识的基础之上,属于对绿地进行的相对更为广义化的认知,促使构筑科学化、合理化的城市绿地机制。2002 年建设部颁布了新的《城市绿地分类标准》,规定,在编码过程中,选取了英文字母以及阿拉伯数字混杂的手段,把城市绿地细化成 5 种大类型、13 种中类型、11 种小类型五个大类:G_1 公园绿地、G_2 生产绿地等;十二个中类:公园绿地中的 G_{11} 综合公园、G_{12} 社区公园等;十一个小类:综合公园中的 G_{111} 全市性公园、G_{112} 区域性公园等。

(二)公园绿地以及生产绿地

1. 公园绿地

公园绿地属于城市绿地的整体性构成之中是最为关键的元素,同样,也属于大众最为普遍认知,能够就城市的品牌形象起到最为鲜明影响的绿地。公园绿地使用者为整体性的大众,具备较为优质的休闲体验效能当作主体性的特质属性,同时还具有生态等多方面的效能属性。全球首个面向社会大众公开的公园绿地为伦敦的摄政公园。

2. 生产绿地

生产绿地代表的是给予城市绿化以花圃等类型的圃地。生产绿地的主体性效能,在于向城市绿化提供相应的服务性内容。分类准则中并不凸显生产绿地涵盖的归属性联系,也就是挣脱出固有的园林部门的种种约束,给予城市多样化圃地的,均能够被归结为生产绿地。

然而,季节性抑或是临时苗圃等类型的圃地,无法被归结至生产绿地的类型之中。除此之外,不涵盖于城市建设区域用地范畴之内的生产绿地,不允许加入城市建设用地平衡机制的体系中。在用地的具体规格方面,同样应当做到相关标准所明确要求的种种具体规定。

被归结为城市生产绿地范畴内部的多样化圃地,属于城市绿化工作过程中的基础性生产基地,主体性的职责,在于给予城市绿化工作以实际所需的花草等。其中,部分圃地能够实现向公众开放,从而令大众能够于绿化圃地之中进行休闲,具备一定的类似于公园的特质属性。

圃地的地点通常能够在都市的近郊,应当具备较为优质的水土环境,能够同时做到规避附近污染源的元素。

(三)防护绿地、附属绿地以及其他绿地

1. 防护绿地

防护绿地代表的是以实现城市就隔离等方面提出的具体要求进行设置的绿地,其主体性效能在于就自然以及城市方面可能存在的种种危害,进行相应的抵御、弱化式作用。

2. 附属绿地

附属绿地代表的是城市建设用地内部,除了绿地以外,多样化用地内部的一些附属绿化用地。具体涵盖工业用地等用地内部存在的绿地。

3. 其他绿地

其他绿地代表的是与居民休闲生活等方面存在着直接性作用的绿地类型。这部分绿地的位置往往在城市建设用地之外,通常是自然条件较为优质,抑或是应改造好的地带,这部分绿地的主体性效能为观光旅游等多方面的内容。

三、各类景点规划

(一)风景名胜区

它也被叫作风景区,代表的是风景相对集中,具备优质自然条件,且存在着较为良好的实际规格以及游览水准,能够令大众在其中旅游、休闲,抑或是进行文化等方面的区域。风景名胜区的位置如果处于都市的近郊地带,一般会被归结为城市绿地内部的"其他绿地 G_5"一列。

中国划分风景名称区的标准是:具备文化等方面的实际价值,景物相对较为集中化,具备优质的环境元素,能够令大众进行旅游、休闲,抑或是开展文化等方面内容的活动,具备相应的规格以及范畴。

所以,风景名胜区这项不断壮大的事业,属于一项社会公益性事业。中国规划出风景名胜区,其主体性目的一方面在于帮助国家存留下一部分具备相当程度价值的风景名胜资源(其中涵盖生物资源),同时开展合理性的建设统筹工作,在可行的范畴之内,进行相应的开发以及利用工作。

我国国家级风景区的英文称谓是"National Park of China",一方面和世界范畴中的国家公园,也就是 National-Park 产生呼应,另一方面也存在着自身的特质属性。国家公园代表的是占地相对辽阔的自然区域,具备优质的自然条件、充足的自然资源,其中一部分同时涵盖了某些历史遗存下来的古迹。不允许进行采矿等活动。

从基础性原则角度而言,国家公园应当具备大于 20kn? 中心性景区,中心性景区内部,维系着一些原始性的景观存在。在此以外,也应当存在诸多生态系统,没有由于人工行为的干扰而衍生出较为鲜明的改变。生物类型、具体地貌拥有着特色化的科学等方面的实效性功能所构筑出的具体地带。

1. 风景名胜区的类型划分

(1)依据景观特质进行类型的细化

①将山景当作优势性景观的风景名胜区;②将水景当作优势性景观的风景名胜区;③兼具山水两种风景景观的风景名胜区;④将历史遗存的遗迹当作主体性景观内容的风景名胜区;⑤具备疗养等方面效能的风景名胜区;⑥近代革命圣地;⑦自然保护区内部设立的游览地带;⑧由于现代工程的构筑工作得以衍生成型的风景名胜区。

(2)依据等级进行类型的细化

①国家级重点风景名胜区;②省级风景名胜区;③市级风景名胜区;④县级风景名胜区;

2. 风景名胜区的特质属性

(1)具备大量的种类。一方面有瀑布等自然风景名胜区,另一方面还存在将人文性的具体景观当作主体性内容的风景名胜区。

(2)自然景观呈现出令人称奇的形态。在中国的大多风景名胜区中,均存在着美轮美奂的自然风景,具备相当程度的特色风格,使得游客连连称奇。比方说九寨沟旅游区存在着数百片阶梯彩湖等等。

（3）自然以及人文景观之间产生交融。中国的自然山川大部分具有深厚的历史文化积淀，存在着大量的历史遗迹、古典诗歌等，从多样化的角度展示出我国的光辉历史以及杰出的文明。

3. 风景名胜区的衍生形成

（1）风景名胜区规划。也叫作风景区规划，属于对风景区进行开发工作，同时施展它的多样化效能的综合性规制以及翔实部署。人民政府审查批准后的风景区规划，具备着法律层面的权威性意义，必须进行严格地执行。

（2）风景资源。也叫作景观资源等等，代表着可以实现审美以及欣赏行为，能够当做景观游览客体，以及进行景观实效性开发、运用的一切元素的共通性称谓。在风景环境的构筑活动中，风景资源属于一种基础性的构成元素，属于风景区衍生出多方面效益的物质角度的基础性内容。

（3）景点。景点是通过大量的彼此存在联系的景物进行构筑形成的，具有一定的独立性属性以及整体性属性，同时具备着一定的审美属性的基础性境域单位。

（4）景群。它是通过大量的关联性景物联合衍生出的景点群落，抑或是景点群体。

（5）景区。在风景区的具体规划工作中，依照景观特质属性等方面的内容，进行细化的相应用地范畴。其中涵盖相对大量的景点等元素，构筑出一种具备相对性的独立属性的分区特质属性。

（二）森林公园

森林公园是把森林景观当作主要内容，将自然景观和人文景观进行交融，具备相对优质的生态条件、地形地貌特质属性，具备相对广袤的占地规格，具有相应程度的文化等方面的具体价值，通过科学化、合理化的维护以及可行性的建设工作，给予大众以相应的休闲、科学活动实践地点。森林工作的位置如果在都市的近郊，往往会被归结至城市绿地内部的"其他绿地 G_5"。

森林公园具备部分生态系统，较少抑或是并未为社会所开发利用的特殊化属性区域之中的自然条件以及具体的资源，尤其是将森林当作主要内容，具备教育等方面价值属性的自然地区运用多样化的实效性手段，开展合理化的统筹与发展工作。

在维护生态水平的基础中，最大限度地施展以森林为主的生态条件优势性价值,进行关联性的教育等方面的具体活动,最大限度地实现大众对于自然的理想化追寻。

国际范畴中,森林公园已经走过了百余年的发展史,在相关的保护、统筹以及发展工作内部,收获了相当可观的成绩,沉淀下厚重而极富价值的相关工作经验。大量实践显示,森林公园的发展,不仅在优化生态条件等方面能够起到十分关键的价值,同时,也收获了十分可观的社会经济效益。

中国的森林旅游资源相对来说较为可观,森林、人文等不同景观均具备自身的特质化属性,森林公园拥有相当充足的发展空间,以及不可小觑的挖掘潜能。

中国的森林公园事业起步于 20 世纪 80 年代初,尽管起步时间相对而言不算太早,然而这些年来得到了长足的进步。1982 年,张家界国家森林公园正式开园,它是中国首个国家森林公园,从那之后,大量的具有自身独到风格的森林公园得以成立,比方说陕西的太白山等。

根据数据显示,中国现有的 4200 个国有林场内部,约有 600 余个国有林场,拥有相当可观的森林景色,同时,这之中的绝大部分位置,在城镇以及风景旅游区等地的周边地带,人文景观等资源多样化,具有不可小觑的开发挖掘潜能。

1. 森林旅游资源

森林旅游资源代表的是将森林景观当成主体性的内容,另外的自然景观被视作一种依托性的辅助内容,人文景观被视作辅衬性的内容,具备着相应的观赏性以及游览效能,同时,吸引游览者在社会等方面衍生出的种种元素,具体涵盖自然、人文方面的资源。

2. 景观资源

景观资源代表的是在森林公园范畴中,能够构筑为景观内容,具备一定的文化等方面意义的全部资源性内容,具体涵盖人文景观资源等等。

3. 景区

景区指的是以方便旅游的组织以及统筹为目的,依照景观的特质属性以及具体的布局情况、使用性进行具体的地理划分的区域空间。

4. 景点

景点代表的是相应空间内部,依据美学思维理论构筑出的具备突出整体性主题的画面。能够为可吸纳观光客的具备独立性属性的景观,也能够为通过大量景观要素联结而成的整体性内容。

四、景观规划设计的普遍性程序

设计程序代表的是某区域内整体性的景观规划设计实现的系统性活动,它还属于整体性阐述设计内部的思维过程,令其在最后展示出的成效契合于理想中的目标。

一般而言,设计程序内部涵盖着大量的科学化、必需化的环节,就完成理想目标而言,能够起到相当程度的价值。

(一)设计工作程序的具体价值

首先,构筑出整体性的,极具逻辑性的具体构造,同时探索出妥善的处理之道。其次,能够利于切实明晰像场地条件等方案是不是可以与基础性的条件达成一致。再次,能够经方案的挑选,从其中找出最为合理且具备实效性的方案。最后,可以当作向建设方阐述设计理念的,初始形态下的基础性文件。

(二)具体的设计工作程序

1.调查研究阶段

基地调查为依据,有关部门制定的法定范围、界线之内,就项目置身的基地,进行不同的自身细部的判断,具体涵盖当地风向等方面内容,输出具备综合性、整体性的翔实调查报告。

调研阶段大体分为三个环节。

(1)基础性资料。将文字等方面的内容当作主体性的内容,属于和景观规划设计产生直接性联系的关联性资料。

(2)现场素材。属于基础性资料的填充物,是经现场的搜索采集而获得的部分素材。

(3)资料整理。将梳理工作之后的最为核心、最为凸显的资料进行整合,从而方便今后工作中的随时取用。能够整体性地描绘出大体构造,落实基础性的展示形式,当作后期设计工作中的参照物。

2.编写计划任务书阶段

进行计划任务书的编写工作,首先应当切实落实规范、性质类型的具体内容,也应当切实明晰附近环境条件等因素,落实具体的功能分区,初步拟制整体性的一致风格、规格布局以及卫生条件方面的具体所需。最末一步,为按照实际的地形地貌,规制出阶段性的工作计划等方面的内容。

3. 整体性景观规划设计阶段

整体性设计,依据创作思维活动,大体能够被细化成五类,具体如下所述。

(1)立意。从简易角度而言,以设计工作者希望传递的基础性、本质性的设计目的。

(2)概念构思。下一步便应当概念化的就功能布局等方面的内容,进行设计思考与实践,即为概念构思。

(3)布局组合。事实上,这属于一种协调性的活动,具体涵盖两大角度:构造形式以及具体内容,整体性地考量设计客体的规格等方面的元素。

(4)草案设计。是把概念布局演化为整体性设计工作的过程中,无法规避的一个环节,初期要求全部的元素能够被布局于精准的节点中,被归结为粗略性的整合行为。

(5)整体性的设计。最终的成效均展示于整体性的设计之中,属于整体性设计活动内部的关键步骤。把草案内部的具体内容,进行更为细腻的处理,使其具备更加鲜明的艺术感,大部分为经文件等类型的形式进行阐述。

五、景观生态规划的内容

在学者傅伯杰的观点中,景观生态规划以及设计的基础性内容,应当涵盖景观生态分类、景观生态评价、景观生态设计、景观生态规划和实施四大角度。王仰麟将景观规划与设计的基础性内容,阐述成区域景观生态系统的基础研究、景观生态评价、景观生态规划以及设计生态管理建议这四大方面。

捷克斯洛伐克在景观生态规划方面的具体探索以及研究,大体涵盖景观生态评价等角度的具体内容。整合这部分探索实践,不难发现,这部分研究的具体实际,呈现出相近似的姿态,因此,能够整体性地梳理如下:

(一)景观生态学基础性研究工作

大体涵盖动态分析等方面的具体内容,是通过功能等类型的角度,就景观生态过程进行了相应的研究工作。

(二)景观生态评价工作

大体涵盖两大角度,即为经济社会评价以及自然评价。也就是对于景观和目前用地情况的契合性,以及针对已经得到落实的今后使用渠道的契合性,进行具体的评价工作。

(三)景观生态规划以及设计工作

依照景观生态评价的具体成果,应研究景观最为优质的利用构造。

(四)景观管理

首先是负责设计成果等方面的具体实践,其次是实践过程中衍生出的具体矛盾,应当及时向相关工作者传递,令他们可以就工作内容进行持续性的修正以及优化。

不能忽略的一点,景观生态规划对象的意义所具备的多元化和具象化的空间分异。一方面大量的自然风景,比方说森林等等,均具备旅游等多元化角度的实际价值。同时,大量通过人工进行统筹维护的景观,比如农业化的具体景观,在为大众带来农产品之外,同时具有生态等角度的意义。

然而,在相同的时空环境中,这部分价值彼此间通常存在着矛盾性,怎样考量其中的空间分异潜在规律,探索出矛盾的妥善处理手段,令景观能够尽可能地施展自身的多元化价值效能以及潜在能力,恰恰是景观生态规划的工作过程中,应当妥善处理的矛盾。

大量的相关专家均就此问题展开了充分的研究,比如农业园林化探索,等等。

第三节 景观规划设计要素

景观规划设计要素,能够被细化成自然以及人文两方面的具体要素。

景观规划的自然要素,大体代表能够构成整体性景观的自然要素。自然以及人文要素,属于构筑出完整景观的基础性要素,其中,自然因子属于最为基础、最为本质的自然要素。

自然因子即为水等物质,这部分物质就像是一种语言的音节,属于无法替代的存在。

景观环境内部的土壤物质,是通过诸多层级的,厚度不同的矿物质成分构筑而成,大自然环境内部的主体性元素。并未黏合、相对疏松的微粒进行联结,构筑出满是空隙的土壤。这部分间隙内部,存在着溶解溶液以及一定的空气含量。

土壤属于大部分植物赖以生存的基础性物质，同时，植物能够从土壤中得到氮等营养物质，从而进行有机化合物的输出。土壤切实保障了植物的实际存活所需。然而，相异的土壤酸碱度成分等方面的元素，在某种意义上，能够作用于植物的实际存活状况，以及具体的分布地带。

土壤所具备的厚度，能够对内部含水量、含养分量起到决策性的作用。土壤之中的酸碱值能够对矿物质的吸收等活动产生影响。土壤处于酸性状态下，可能导致钙等元素的缺乏，提升污染金属所能够实现的溶解度，对植物的存活造成威胁。土壤处于碱性状态下，易于导致硼等元素的缺乏。就层级水平相对较高的植物而言，匮乏在任意一类其生长过程中实际需要的元素物质，均能够导致植物处于一种病态的状态。比方说，铁元素的缺乏，会负向作用叶绿素的输出，导致叶片发黄，甚至脱离植物本体，严重地影响正常的光合作用活动。

另外，土壤不同酸碱度，也能够作用于苗芽发育等方面。通常需要栽培景观环境植物的过程中，选取的土壤应当具备相对优质的团粒构造，具有肥沃等正向属性，同时具备相对大量的腐殖质以及恰当的酸碱水平。

植物的种类划分工作中，存在着大量操作手段，从有利于景观设计的层面来说，通常凭借植物的外观，细化成藤本植物，等等。

水不仅属于大众日常生活中不可或缺的物质，而且能够带给大众一种新鲜的体验手段。它能够衍生出相异的环境以及具体情绪，对个体的官能进行吸引作用。属于最为基础性的柔性元素，是无法被横跨的雕塑载体。由于水于塑型角度具备一定程度的潜在能力，具备反射性等多样化的特质属性，也具备着动态等特质属性。

山石是一种不可或缺的景观元素。其在景观设计工作中，能够实现相当关键的构景价值。置山组景不单单具有独到的欣赏意义，同时也能够对观赏者的内在情操起到升华作用，带给观赏者一种超凡的美妙体验。部分山石外表玲珑，象征着悠久的历史；部分山石造型具有相当程度的抽象感，颇具现代化的意味。

外观各异的山石，极大限度地充实着景观环境的深刻底蕴，所以，在现代景观的构景工作中，山石获得了相当普遍的运用。

景观规划工作中，人文要素属于参照个体的意念，辅以人工的力量打造刻画的第二自然，往往应当具备铺地等方面的实际所需的具体工程设备，给予观赏者一种怡然自得的观景感受。

景观建筑属于最具核心性的人文要素，其不仅可以实现功能，也可以构筑出观景线路以及风景画面，属于主体性的人文景观构筑元素。景观场景内部，建设出能够让游览者休息的小规模设备,被叫做小品。其具备广泛布局等多方面的优质属性,属于景观环境的关键性构成之一。

在景观的空间构造内部,铺地属于相当关键的元素之一。不管是地面之中的运用以及组构,抑或是空间的优化与约束,抑或是实现另外实际需要的美学效能等角度,铺地均具有相当关键的价值。

桥梁属于立体交通空间的关键性设施,同样,它还属于关键性的景观空间构筑中的一员。桥梁能够将景观空间进行隔离,对于景致起到锦上添花的作用。由于桥梁的下方处于一种架空的状态,景观空间虽被隔离却又保持着一定的联系,由此更具备了一种畅通感。部分构造优质的桥梁,其自身即为一道风景。例如瘦西湖之上的五亭桥等等。

一、地形以及植物

(一)景观规划的地形要素

景观地形代表的是景观环境内部多样化的起伏式地貌,在规则模式下的景观环境中,通常呈现为相异坪高的层次。在自然模式下的景观环境中,能够延伸出丘陵等多样化的相异地貌。这部分地形的共同称谓,是景观地形。其中,起伏性最弱的,被叫作微地形。

景观地形属于景观设计工作,所有元素的基础性内容以及主体性的依存对象,属于构筑出整体性景观的框架,具体的地形布局,以及设计方面的工作是否做到了合理而精准,能够对另外元素的设计工作起到直接性的作用。

我国古典景观,一向推崇的是自然理念,始终把对比相当鲜明的山水景观,当作主体性的阐述手段,构筑出一种代表性的自然山水景观类型。

1. 地形的具体类型细化

依照设计手段的差异性,地形能够被细化为平地、坡地以及山地三种类型。

(1)平地

平地依据地面的不同建筑素材,能够被细化为沙石地面等等。以便于排水为目的,通常更应当保证坡度在 0.5%～2% 之间。

(2)坡地

坡地也就是倾斜的地表,由于倾斜程度各异,能够被细化成缓坡以及陡坡,前者的坡度大概在 8%～12% 之间,后者的坡度要超过 12%。

(3)山地

山地所具备的坡度相对来说更大一些,具体涵盖自然山地等类型。

2.地形设计工作中的基础性原则

景观地形设计工作,应当始终秉承着"适用、经济、美观"的整体性原则,另外,还应当严谨地依循下述几个原则:

(1)因地制宜,顺其自然

这也就是一般所说的"自成天然之趣,不烦人事之工"。因地制宜便是应当"高方欲就亭台,低凹可开池沼",将利用性的工作当作主体性的内容,融合造景和使用过程中的实际所需,开展恰当的优化与改良,缩减土方工程量,实效性地削减工程所需的实际造价。

(2)科学化地对待景观环境,地形和附近环境之间存在的关系

景观环境之中的内外地形,存在着完整的接续属性,并非属于一种独立性的存在。设计工作开展过程中,应当留心和附近环境间的和谐性联系。附近环境相对闭塞,整体性的空间较为狭窄,地形起伏不应当较为强烈,附近环境应较为齐整,地形地貌应当平坦。

(3)实现功能具体要求,景观地形设计应当实现多样化使用效能的具体要求

在景观环境中进行的活动是多样化的。相异的活动,就地形提出了相异的实际所需。比如观光客较为集中的区域,以及体育运动区域,需要做到地形相对平坦;进行划船娱乐抑或是游泳的区域,应当具备河流等水质元素;攀高处应当具备高地等等;开展文化娱乐方面的活动,应当具备大量的室内活动空间;休憩处以及观赏景物的地方,应当具备溪水等景色。

(4)实现景观具体所需

在开展景观地形设计工作的时候,应当最大限度地考量运用地形组织构造空间,体现相异的立面景观视觉效果,山坡地能够把景观空间细化成规格不一的开敞式抑或是封闭式的多样化空间种类,令景观所具备的立面轮廓变得丰富而充实。

应当留心令地形契合于内在自然规律以及艺术的实际所需。山坡角度于自然安息角之中,则最为适宜的坡度是东缓西陡,山景与水景,应当呈现出一种彼此依存的关联性。总的来说,应当令景色呈现出一种虽由人作,宛自天开的视觉感。

(5)实现景观工程技术的实际要求

地形设计应当契合于稳定可行的技术实际,切实保障地形设计最终成效的持

久性,契合于工作者的设计理念,同时兼具相当程度的安全水准。

(6)实现植物种植的具体要求

相异的设计地形,给予了相异生态条件中多样化的植物以相异的成长环境,令环境景色带来的视觉体验更为充盈。相对凹陷的地形,能够进行土壤挖掘,堆砌成山,使地面升高,能够契合于灌木等植物的健康成长。对地表之中的坡面进行运用,构筑出较为温暖的气候环境,适应于喜爱阳光植物的成长。

(7)土方应当尽可能地平衡

设计的地形尽可能地能够令土方实现就地平衡,依据具体的实际以及存在可能,进行整体性的分析,广泛地编撰方案,同时进行相应的对比工作,令土方工程量被压缩至最低可能,节约了人工劳动,精简运输距离,削弱造价比重。

3. 景观地形的设计

(1)在景观地形设计工作中,应当首先考量针对原有地形的实效性运用

科学化地规制多样化坡度所需的具体内容,令其能够契合于基地所具备的实际地形条件。实效性地利用现存地形,进行一定的优化工作,便能够演变为景观。

例如,采取人工土丘进行遮风工作,塑造出向阳盆地以及部分区域内的微型气候,从而规避区域内的惯性风雪灾害。通过起伏的地貌,合理化地扩充高差,直到越过人类的视野所及,设计出相应的障景。通过土山代替墙体,灵活运用地形,实现"围而不障",将起伏性较强的土山,进行景墙的取替,衍生出一种隔景式的作用。

景观地形设计还具备一个职责,即为实现地形的改造,令经过改造的基地地貌能够契合于造景工作中的实际,实现多样化的实际利用,同时衍生出较为优质的地表自然排水渠道,实效性地规避规格过分庞大的地表径流。地形改造应当和整体性布局在同一时间中实现,就地形地貌于环境内部实现的影响,以及对最终的实际成效有一个整体性的把控。

(2)于景观地形设计工作内部,应当充分考量地形以及排水内部的联系

应当考量地形以及排水方面的元素就坡面稳定性能够起到的相应作用。地形太平坦,会有碍于排水工作的实现,导致积水,有碍于土壤结构的稳定存在,以及植物存活等方面的元素。所以,应当适当地规制出相应的地形起伏,科学化地设置分水线以及汇水线方面的内容,切实保障地形具备相对优质的自然模式排水渠道,一方面能够即时性地排泄雨水,另一方面也能够实效性地规避构筑出数量过于庞大的人工排水沟渠。

(3)在景观地形设计工作中,应当充分考量地形坡度衍生出的作用

地形坡度不仅关联着地表排水等方面工作,也关联到各类型车辆的行驶活动。具体来说,坡度未达到1‰的地形,相对而言积水的可能性更高,地表趋于不稳的状态,较不适宜在其中开展活动,抑或是对其进行利用,如果略微进行改造,便能够进行实效性地运用。

坡度在1‰~5‰之间的地形,能够进行相对趋近于理想状态的排水工作,契合于设置大部分的具体内容,尤其是对规模较大的平坦地形所有需求的具体内容,例如运动场等类型的功能性场地,并不用就地形进行相应的改变。

然而,在相同坡面的长度过长的时候,便会呈现出一种相对单调的格局,容易导致地表径流现象的发生,同时,在土壤具备相对较好渗透功能的时候,排水工作方面依旧具备着相应的一系列问题。

地形坡度在5‰~10‰的时候,只适宜设置部分对于用地规模的需求相对较小的内容,然而,这部分地形具备相对完善的排水效能,同时具备着相对较强的起伏性。

地形坡度超过10‰的时候,仅可以在局部地形范畴之内对其进行运用。

(4)地形属于构筑出景观形象的基础性骨架脉络,植物等类型的景观,往往将地形当做依托性的内容载体。

例如,北海濠濮间内部的部分建筑,即为将山景作为依托构筑成形的,同时,依据曲尺形姿态设计的爬山廊,令视线观感于纵横角度之中,能够衍生出相应的改变。整体性的建筑如果依循山景的形状,呈现出一种交错的姿态,便能够充实综合性的立面构图。

如果辅以地形外观的高度差异,构筑出瀑布造型,亦或是跌水造型,那么便能够具备相应的自然性观感。意大利的兰台庄园,所设置的水台阶,即为凭借一种天然条件下的起伏地形进行构筑的。在地形相对于附近环境较高的时候,视线便能够做到通透而辽阔,具备相当程度的延展属性,空间感展示出一种辐射性的状态。这一类型的地形,首先能够进行相应的规划,使其演变为一种景观地带。其次由于高位的景致一般来说更能够得到凸显,因此也能够对其进行规划,使其演变为造景地带。

例如,无锡的锡惠公园,内部著名景点龙光塔的位置在锡山顶峰,属于公园内部的一种入画景致,形成了锡惠公园的代表性景物之一。在这之外,居于高位的景物实现相应体量的时候,也能够衍生出一种操控性的作用。例如,颐和园中位于万寿山的佛香阁,在昆明湖的映衬下,构筑出了一种代表着封建皇家势力的操

控性作用。

在地形相较于附近环境更低的时候,实现往往相对闭塞,同时,闭塞的具体程度,取决于附近环境要素所能够达到的实际高度,比如建筑物所能够实现的实际高度,等等。空间呈现出一种积聚性的姿态。这一类地形低凹位置可以做到吸引游客的注意目光,能够细致地进行景物的规制,还能够通过地形地貌进行相应的造景工作。

把地形设制为多样化的几何体,抑或是相较而言自然属性下的曲面体,构筑出一种独到的视觉观感,和周围的自然景观衍生出一种强烈的对比感,同时,也具备着相应的实用效能。

4. 地面山石造景设计

山石造景涵盖两大类型,置石以及堆山。置石代表的是将山石当作制作素材,进行或独立,或依存的造景设计规制,大体展示出山石景物所具备的独立性美感,抑或是相应部位的组合性美感,存在着散点等类型的具体形式。

堆山拥有整体性构造的山形,相较而言规格更大一些,由于制作素材间存在的差异性,能够细化成石山等类型。除此之外,通过山石这一制作素材砌出的磴道等景观,同样具备着自身独到的美感魅力。

(1)石头的具体种类

中国有着相当广袤的地理环境,山石的资源同样呈现出多样化姿态,比方说透、奇等等独到的个性化色彩,我国各区域内部,均能够实效性地运用本土特色石材,进行景观的灵活性设计打造。当下普遍频繁性运用的天然属性石材大体为湖石等等。下面我们逐一来谈。

第一类,湖石。属于石灰岩的一种。主体性的颜色为白色,产地在江浙区域。石材的质地相对较为细腻,相对来说更容易为水体、二氧化碳物质进行溶蚀性的作用,表面会衍生出大量的涡洞等形态,就像是一种天然的抽象画面。

第二类,黄石。属于细砂岩的一种。主体性的颜色为浅黄,产地在常州地带。材质相对来说更硬一些,由于风化、冲刷作用导致了崩溃,依循节理面进行分解工作,衍生出大量的不规则多面体,石面所具备的轮廓构造相当清晰。

第三类,英石。属于石灰岩的一种。主体性的颜色为青灰等。通常夹带着呈现出白颜色的方解石条纹,产地在英德地带。由于山水带来的溶蚀、风化作用,英石表层面之中存在着一些涡洞互套,并且存在着相当密集繁杂的皱纹。

第四类,斧辟石。属于沉积岩的一种。主体性的颜色为深灰,产地在常州一带。具备着纵向的条状等类型的纹理呈现,也被叫作剑石,它的外观相当挺拔而具有力量感,相对来说较容易受到风化作用而产生一定的剥落现象。

第五类,石笋石。属于竹叶状灰岩的一种。主体性的颜色为土红,呈现眼窝状的一种凹陷形态,产地在浙江常山以及江西玉山地带。石笋石外观的长度越是长,看起来越是精妙可爱,通常呈现出三面风化,背面具有人工刀斧印记的姿态。

第六类,千层石。属于沉积岩的一种。在主体性的颜色为铁灰色,蕴含着层面性的浅灰颜色,具备相当更丰富的多变性,产地在江苏、浙江、安徽一带。沉积岩内部,存在着大量的不同类型以及呈现出的具体色泽。

另外还存在一类为通过钢丝网等材质作主体性的素材,用人工打造的塑料材质进行翻模构筑的假山景观,也被叫作"塑山"等等。

(2)特置

依照《园治》提到的,若是院落的规模相对而言并不大,比较契合"稍点玲珑石块",应当做到量少而精致,鲜明地凸显出关键性元素,通过部分外观质量均属上乘的石峰,当作主要内容,进行庭院景致的优化。

这一类型的设计创作手法,被叫作特置。特置作用下的石峰,能够是单独的一块,也可以是两到三块,如果为两到三块,应当细化出主体性的石峰以及附属性的石峰。

传统园林内部,往往将太湖石当作特置作用下的石种,著名画家米芾对于太湖石做出的审美方面的具体评价为"透""漏""瘦""当"。这里所说的"瘦",代表的是一种孤立而不存在依附性的属性,具备着延展性的瘦长外观。闻名于世的苏州留园三峰,也就是冠云峰、瑞云峰以及岫云峰,均呈现出一种雅致的延伸感,良好地呈现出"瘦"这一审美感受。

"透"以及"漏",属于太湖石之中一种更加关键的审美特质属性。"透"代表的是水平层次内部存在着嵌空性,空隙比较充足,呈现出彼此交融的姿态。"漏"代表的是山石之中存在着空隙,融会于整体性的构造之中。

透与漏这二者相近似,阐述出一种精致的美感。从目前存留的名石而言,能够很好地展示出透与漏这两种美感的,首当其冲的代表作是上海豫园中的"玉玲珑",其高度为一丈多,石体色泽洁白,像玉石一般。外观相当娇美,且具备着充足的空隙构造,所以得到了"玉玲珑"这一名号。

"皴"的含义,代表是的脉络时隐时现,表面纹理横竖交错,且外观表面存在着大量的凹凸状形态。"皴"和我国古代时期的山水画作内部的"皴"存在着彼此呼应的联系,皴于皴是互通的,皴即为艺术范畴内部的皴,而皴则属于现实范畴内部的皱。

杭州花圃内部的皱云峰,即为将皱当作独到的个性化魅力点,可以说做到了形同云立一般。

(3)散点

散点也就是一般而言的"散漫理之"的实践手段,在用石方面,相对于特置来说,要求更低一些,造景的过程中往往将湖石等石体做出小群落的姿态,零散分布于山麓等位置,还能契合于具体的地形,进行部分植物的栽种。其布置核心元素,为主次分明等等。

(4)峭壁山

峭壁山一般靠墙进行布置,如同将白色的墙壁当做画纸,通过山石构筑出一幅精致的风景画作。就像是《园治》中所说的那样:"峭壁山者,靠壁理也。借以粉壁为纸,以石为绘也。理者相石皱纹,仿古人笔意,植黄山松柏、古梅、美竹,收之圆窗,宛然镜游也。"

我国古典模式下的园林作品,相对较为刻意化地探索一种诗意,即为一种相当完善的证明。在园林设计工作中,诸如此类的处理方式层出不穷,部分在墙体之中镶嵌石块,宛若一种浮雕式的存在,部分尽管和墙面进行了完整的分离,然而二者之间的距离却相当接近,呈现出的效果和前者并无差异,都是将粉墙当成背景,就像是一帧年代久远的朴素画作。

(5)堆山

首先,堆山能够演变为空间内部的主旨以及中心性内容。部分规格相对不人的庭院空间,尽管具体的物理范畴存在着一定的局限性,然而,能够辅以局限性的空间以及山石之间的对比性作用,构筑出一种咫尺山林的环境感。

例如,故宫建筑群中,乾隆花园,第三、四进院落即为此类型。相较于部分规格比较庞大的庭院空间而言,就算是山岩林落,沟壑鲜明,若是山石间存在着清晰的具体脉络,不仅能够从深层次之中获得大自然的乐趣感,同时,也不会衍生出一种错乱、束缚的负面感受。

例如,环秀山庄景区内部的湖山假石等等,即为把规格较为庞大的堆山,当作主旨性的景观主题。

山石在能够当作景观的主旨性内容,进行空间的装扮性工作之外,也能够肩负其一定的空间分隔性作用。就规模较大的园林空间而言,为了实效性地规避空间感单一的情况,往往能够通过山石景致的规制,将单调性的整体性空间进行一定程度的分隔,使之演变为大量的规格相对更小一些的空间。

山石尽管是由人工进行创作的,然而,终究还是自然属性的物质,只要是通过山石进行空间构造的隔离,往往均能够令隔断空间彼此接续影响,而无法探索出一种相对鲜明的隔离线,还可以通过一种无痕的手段,将看客于不同空间之中进行引领,使其进行观赏活动。

将山石当作主体性的界面,也能够衍生出一种具象化的园林空间。比方说南京的著名景点瞻园。瞻园的后方庭院之中,只有一半的空间将建筑当作主体性的界面,剩余的一半是将人造堆砌的山石当作主体性的界面,协作进行围合成型的。

因为整体性地运用相异的要素当作主体性的界面。所以令构筑成型的空间一方面具有人造的美感,另一方面也具有一定程度的自然属性。北海濠濮间内部的主体性庭院空间的位置,在整体性建筑群的北侧,抛却南部相当短的部分将建筑当作屏障之外,剩下的部分都是将人工作用下砌成的山石当作主体性的界面,具备着一定程度的自然化属性。

苏州区域内的环秀山庄,尽管空间规格较小,但是,恰恰是于此局限性的空间范畴之中,可以实现令游客体验一种曲折蜿蜒而没有尽头的奇妙感受,这在很大程度上,是凭借着山石叠砌的园林空间构成,令园林内部能够做到蜿蜒盘环,尤其是峡谷等景观的交错感,以及洞壑空间内部的鲜明曲蜒性。

5. 地面铺装设计

一般谈到的景观铺装材料,代表的是具备任意一种硬质的铺地材料,它可以为自然环境之中的材料,也可以为人力打造的材料。

景观设计工作者依据相应的手段,把这部分材料铺装在室外空间地表层面,既是构筑出一种永恒属性下的地表构造,也能够契合设计工作的主体性目标。主体性的铺装材料涵盖陶瓷砖等。

(1)铺装材料的功能

和另外的景观设计工作中的要素一样,铺装材料同样具有大量的实用性、美学性效能。部分效能以独立的姿态衍生,但是,大部分的效能是协同衍生的。铺装材料所具备的大量效能,一般能够和另外的设计要素协同合作,得以较为优质的展示。

①给予高频次的运用。进行了材料铺装的地表,具有可以承受长时间的、多频次的磨损,也可以承受车辆的碾踏,却无法有损于土壤表层存在的特质属性。

②导游性的价值。在地面被铺装后,衍生出带状形态,抑或是某一类型的线形构造,其可以精准地引领行走者的前行方向。铺装材料能够通过多样化的手

段,施展其自身具备的此种效能。比方说,铺装材料能够对过路人抑或是车辆的视线进行引领,把他们带领到路面所铺设的轨道之中,从而指挥其进行路线目标的转移。

在带状铺面的背景为草地,抑或是农郊的田园,能够引领行人在两个目标点之间的移动方向。铺装材料能够做到的线形分段铺设,不仅可以作用于运动过程中的实际指向,也能够以一种潜移默化的手段,作用于行人的内心感受。

③对于游览过程中的实际速度以及保持的节奏起到一定的暗示性作用。铺装材料的形状能够作用于行走过程中的实际速度以及保持的节奏。进行铺装工作的路面情况越是宽广,则在其中的实际运动速度便越是减缓。在宽度相对较大的路面之中,行走者可以依照自身的意愿停留,随心所欲地欣赏路边的美景,却不会导致路上其他行人的行走发生障碍与拥堵。

但是,在进行铺装工作的路面情况相对比较狭窄的时候,行走者只可以不断地朝前方行走,基本上不存在能够停留观景的可能。

在铺装好的线形道路之中,走路的节奏,同样可以为铺装地面所作用。行走节奏大体涵盖两大板块,首先为行走者步伐的落脚点,其次为行走者所迈步伐的规格。这两点均为不同铺装材料的接缝间距等元素所作用。

④给予游客一个休憩的地点。在铺装地面通过规格较大同时不具备实际方向性的具体形式进行衍生的时候,其往往暗示着静态属性下的停留体验。铺装地面抑或是形式所具备的无方向感以及相应的稳定形态,往往契合于运用在道路之中的停留节点抑或是休憩地点,或者运用于景观内部的融会核心位置。

⑤就空间比例所带来的具体影响。所有铺料的具体规格和铺砌间距等方面的元素,均可以作用于铺面所呈现出的实际视觉比例。外观相对而言更为庞大,更为舒展,能够令空间衍生出一种开阔的视觉感受;

规格相对不大,比较紧缩的外观形态,会令空间更富于一种亲密属性的体验感受。通过砖或者是石条构筑成型的铺装形状,能够被使用在实际规模较大的水泥路面,以及沥青路面等空间中,从而精缩这部分路面在外观层面上呈现出的具体宽度,同时于这部分相对单一的材料之中,带来部分视觉体验方面的调节性作用。

在原铺装内部,融进第二类型的铺装材料,可以鲜明地把整体性的空间进行精缩与隔离,衍生出一种能够被更加方便感知的副空间。在地表层面运用一定的对比属性的材料时,应当充分考量它在色彩等方面元素中存在的具体差异属性。

一方面,具备一定的素色等方面特质的材料,能够更方便地于整体之中进行调和。另一方面,材料的外在形状越是明显,则彼此间存在的差异性就越鲜明,对比性也更加明显,更能够吸引行走者的注意。

⑥统一作用。铺装地面存在着一定的统筹设计作用。就算是于设计工作内部,其他种种因素于尺度以及特质角度存在着相当鲜明的区别,然而,于整体性的布局工作,用于相同的铺装工作中,彼此间能够进行联结,成为综合性的整体。在铺装地面呈现出鲜明的,抑或是具备自身独到魅力的外观形状,更能够被行走者轻易认知,并且进行记忆。

⑦背景作用。在景观中,铺装地面能够替另外引人注目的景物充当一种中间属性下的背景。比方说陈列物等等。只要是被用来作背景用的铺装材料,便应当属于相对而言更为质朴简易化的材料。其应当并未被设计出引人注意的图案,并不光滑的质地,抑或是所有另外的令行走者所关注的特质属性,如若不然,便会衍生出一种本末倒置的可能性。

⑧构成空间个性。铺装地面具有一定的构成,抑或是深化空间个性感的意义。相异的铺料以及相异的图案设计,均可以构筑,抑或是深化相异的特质属性以及空间体验,比方说喧闹感。针对具有特殊属性的材料来说,方砖可以带给空间一种亲切的氛围性感受,具备一定角度的石板,能够渲染出一种相对自由的氛围性感受,混凝土能够令大众衍生出一种冷漠的氛围性感受。

(2)普遍运用的铺装材料

首先,松软的铺装材料。它代表的是砾石和另外的变异属性材料。砾石属于价格最为低廉的铺装材料,其具有相异的外形、规格以及相异的颜色。砾石能够以整体性的形态出现,也能够以零碎的形式出现。进行直接性挖掘的整体性石块,往往呈现出一种圆润感,质地相对较为润滑。碎石形态的砾石,呈现出棱角清晰的外观。从规格角度而言,碎石的规格于 $0.6\sim5$ 不等。颜色大体为纯粹的白色、黑色,也存在部分褐色以及灰色的可能。

其次,块状铺装材料。石砖等,均被归结为块状铺装材料。这部分材料内部,石块相异于人工打磨的种种具体材料。

①天然散石。这一类型的石块往往于地面或地面附近出现,通过单体的姿态存在。这一类型的石块并没有被打磨过。所以在形状等角度中,呈现出并不规则的姿态。

②卵石。它是遭遇了流水等水体的冲蚀作用,呈现出圆滑外观的一种石体。美国西部的不少河流内部大量存在。卵石属于最具实用性价值的铺地材料中的

一种,它的尺寸规格一般是 3.8～7.5 厘米,通过砂浆的作用,能够把它黏合成整体性的聚合物质。

③扁卵石。它近似于河卵石。因为水体带来的冲蚀性影响,扁卵石的形状同样一般为圆形,但是,整体而言它更加扁平一些。扁卵石的宽度普遍是 7.5 厘米。

④石板。只要是具备一定的层次,同时能够经过劈断作用后,演变为相应厚薄程度的片石,均属于石板(1.8～5 厘米),石板能够进行加工,演变为方形等形状(其中,不规则构造的石板相异于自然条件下的散石)。

石板这种材料的外观,比较光滑而均匀。具备直角外观的石板,适用于一部分通过直线进行规制的、相对更加正式化的城市环境中,不规则形状下的,抑或是多边形外观的石板,往往被使用在非正规条件下的自然环境内部。

⑤砖。块料铺装材料之中,第二个种类为砖。砖料同样具有大量的设计特质属性,其并不似石料一般具备丰富的属性。砖料的鲜明特质为,具有相应的暖色调。同时,砖料也具备大量的泥土属性的具体色调。

不管是砖料自身,抑或是与另外铺装材料的协作融合,均能够由于它本身具备的色泽,都令室外空间变得相当吸睛。砖所能够做到的实际铺设形式近似于石料,能够铺设于软基础之中,比方说灰土等,还能够铺设于硬基础之中,比方说混凝土等。

再次,黏性铺装材料。混凝土被当作铺地材料,运用在景观内部,往往存在两大类型的手段,一是现浇,二是预制。现浇的含义,为液态的混凝土按照施工地的实际外观形状进行浇筑工作。预制的含义,为提前浇筑出相应的外观形状,以及不同外观规格的具体构件,类似于彩砖的具体制造工作。

沥青是通过体积极为细小的石粒以及原油当作主体性元素成分的沥青黏剂组合形成的。景观设计工作内部,应当尽可能地不在相对狭小的空间范畴内,抑或是私密空间范畴之中,进行沥青的运用。

最后,生态铺装地面材料。多样化的透水混凝土砖砌块地面,一方面属于一种清晰明快的材料构成,能够起到良好的透气性效能,另一方面也能够促进土壤内部环境维持良好的生态平衡。

(3)台阶设计

台阶是通过系列性的水平面组建而成的,其可以辅以大众于斜坡环境之中做到姿态平稳。在实现某一类型的垂直高度变化的过程中,台阶仅需要一种较短的水平性间距。台阶于空间内部的运用之中,呈现出相对完善的实际效果,特别是在相对狭窄的空间内部,其优势性能够得到更为鲜明的凸显。

台阶能够选取相异的建筑材料进行构筑,从视觉角度而言,能够在全部的场所内部进行运用。混凝土等材料,还包括经过一定适宜性处理的碎石,只要能够做到边缘稳定的特质属性,均能够被当作构筑台阶的具体材料。台阶在能够契合于坡度的改变之外,也应当可以于景观内部,施展另外的实效性价值。

一般而言,一组台阶的升面纵向垂直高值应当维系在一个常数的水平上。在多级台阶内部,应当进行平台构造的设制,从而弱化景观角度的单调性视觉观感,令观看者不会产生心理层面的压力,生理层面同样可以获得相应的休缓。平台的构造可以令台阶群看起来更加平缓,同时弱化上攀过程中的难度。

在景观环境中,台阶还具有潜层次的实用性,即为当作一种非正式属性的休憩地点。这样的实用性于人流密集的公共区域,抑或是市区内部的具备多样化用途的空间内部,同时在休息场所,比方说长椅等休息用具数量不足的时候,能够起到相当鲜明的实用性效果。

除此之外,大众普遍乐于观察其他行人的活动,所以,若是台阶能够得到很好的设计,便能够演变为观众群体的一种仿若露天看台般的存在。

(4)坡道设计

可以这样讲,坡道能够允许绝大多数的行走者于景观内部依据自主意愿进行穿行。于无障碍区域的具体设计工作内部,坡道属于一种不可或缺的关键性设计元素。坡道的设计工作中,应当严谨地依循下述主体性原则:

首先,坡道所具备的倾斜角度的最大化比例,不可以高于 1/8;其次,坡道两侧应当设置好高度为 50 毫米的道牙,同时安排设立栏杆,防止行走者跃进坡道之中。一般而言,坡道应当最大限度地设置于主体性的活动线路内部,令行人不需要脱离坡道便可以抵达目标地点。最后,坡道的具体定位以及布局规格应当尽可能早地于设计工作之中进行相应的决策。

总而言之,坡道应当于整体性的布局内部,演变为具备协调性的一种重要要素。把坡道和台阶进行交融,属于一类具备创新性思维意识的设计手段。

(二)景观规划的植物要素

1.景观植物的具体类型细化

(1)乔木

一般来说,乔木具备主干脉络鲜明等方面的优质性特质属性。按照乔木外观体型的不同,一般可以分为大乔木(高度超过 20 米)、中乔木(高度在 8～20 米之间)以及小乔木(高度小于 8 米)三种类型。按照一年的生长期,四季之中不同的叶片脱落实际情况,还能够被分为常绿乔木以及落叶乔木两大类型。

这其中,叶片的形状相对较为宽大的,被叫作阔叶常绿乔木或又阔叶落叶乔木;叶片相对十分纤细,呈现出针状的,抑或是鳞形状的,被叫作针叶常绿乔木,以及针叶落叶乔木。

乔木属于景观环境内部的骨干属性植物,不管是在效能层面,抑或是于艺术处理层面,均能够形成相应的主导性作用。

(2)灌木

灌木不具备相对鲜明的主干,大部分展示出一种丛生性的状态,抑或是自基部分枝。普通来说,树高超过 2 米的,被叫作大灌木,树高在 1～2 米之间的,被叫作中灌木,树高小于 1 米的,被叫作小灌木。

灌木能够带来一种相对亲切的空间体验感,遮蔽掉那些不良的景观,抑或是被当做乔木以及草坪间起到过渡性作用的植物,等等。灌木的质地等方面的元素,属于主体性的视觉特质,其中,开花灌木所具备的观赏性是最为优质的,起到的实用性也最为广泛,大部分被种植在重点美化区域。

(3)藤本植物

藤本植物代表的是具备细长茎蔓,同时辅以吸盘等具备特殊化属性的种种器官,依附在另外的物体之上,方可以令自己进行攀援行为的植物类型。藤本植物的根茎能够生长于范畴最为狭小的土壤之内,却能够起到最为充实的效能性以及艺术方面的具体观感实效。

(4)竹类植物

禾本科竹亚科常绿乔木,一般在外观上呈现出浑圆的姿态,并且表皮存在横节点,表皮呈翠绿的颜色。同样存在着实心竹等基础性部位相对膨大的类型,以及种种另外的类型,比方说金竹等等。

(5)花卉

花卉代表的是具备香气雅致等方面特质属性的草本以及木本植物,一般代表草本植物。草本花卉属于一般的景观环境建设工作内部的关键性材料,能够被用来进行花坛的规制工作,等等,同时具备着吸收雨水等方面的具体效能。

大量花卉所散发出的香气具备杀菌的实用性效能,抑或是能够被用来进行香精的提炼。依照花卉的具体实际生活、生态习性,能够分为多年生花卉等多种花卉类型。

(6)草坪植物

草坪植物代表的是景观环境内部用来进行地面的覆盖,进行频繁性的修剪工作,然而依旧可以保持正常态势生长的,将禾本科植物当作主体性内容的草种类型。其于景观植物内部,被归结为植株最小,并且质感最为细腻的类型。草坪植物分为两种类型,即暖地型以及冷地型。

2. 植物在景观中起到的具体实效性功能

(1)生态效益

植物能够对空气、水以及土壤起到相应程度的净化作用。植物能够对空气内部的有害性气体等物质进行实效性的吸收,同时,还能够改善大气内部的温湿性水平。植物由叶片起到的相应蒸腾性作用,对于空气内部的湿度水平进行调整,由此优化城市内部的微型气候,令城市居民得到一定的舒适体验。

植物还能够吸收都市生活中持续性衍生出的噪声污染,由科学化、合理化的绿地规制,也可以起到抵御灾害,切实保障大众安全的作用。

(2)社会效益

植物属于软质景观,一方面,能够针对建筑所具备的生硬轮廓起到一定的柔化作用,实现美化城市的目标。另一方面,还能够提升城市内部的实际环境水平,很好地呈现出城市的具体形象以及姿态。面貌姣好的植物景观,同样能够提升大众的内在情操,为大众带来休闲等功能的具体场所。

(3)经济效益。大量的植物同时具备不可小觑的经济价值。比方说,果树类型内部的梨树等等,香料树种内部的白玉兰,能够进行药用的植物,譬如石榴,等等。

3. 植物配置的原则

(1)将乡土树种当作主体性的内容,将外来树种当作辅助性的内容,特别是乔木。这并不表示对外来树种存在着一种排异性的心理。最大限度地对乡土树种进行利用,不仅能够令树木得到很好的生长,同样具备着地方特质属性。

(2)大力开展引种驯化,对本土树种进行充实化。比方说雪松等树木均属于外来类型品种,经过将近一百年的栽植培育工作,证明其能够种植于中国国内的大量区域之中,进行相对良好地存活,广为大众所青睐,能够于植物配置内部进行普遍性地运用。

(3)将乔木当作主体性的内容,乔、灌、草和花卉彼此联结。

(4)植物配置构筑出的具体风格,应当和园林规划工作形成的风格保持统一。

(5)植物的具体布局规划以及配置工作,必须考量植物所具备的生物学属性以及实际的生态所需,实现因地制宜,进行科学化、合理化的树木栽种。

(6)应当自觉性地通过生态学方面的相关理论,进行植物的具体规置工作,强调植物人工群落所具备的平稳属性,在规置密度的选取以及落实方面,均应进行严谨的考量。

(7)应当依照构景工作中的实际,开展配置工作,比方说制造隔景等,因为构景的实际所需存在着差异性,在进行植物的选取以及配置方面的工作中,同样应当做到差异化处理。

(8)植物和道路等类型元素的交融,致力于和环境产生协同性作用,乐于担任配角的职责。

4. 植物配置的具体形式以及方法手段

(1)基础性的形式

①是孤植。它代表的是乔木抑或是灌木的孤立属性下的具体种植种类,然而,并非表示仅可以进行单株树木的栽种,有时以构图的实际所需为目的,深化景观的强壮感,还会把两株抑或是三株的相同种类的树植紧密性的栽种,构筑出完整的单元性内容,从远处看来,其同单株树木的栽种实效无异。

孤植属于中西景观环境内部,较为普遍运用的自然属性下的栽种类型,从景观环境角度,存在着两大类的具体效能,首先是纯粹性地当作构图艺术方面的孤植树木;其次是景观环境内部,庇荫交融具体化构图艺术的孤植树木。

孤植树大体凸显出植株的特质化属性,凸显植株独到的个性化美感,比方说层次多元的轮廓线条,等等。所以,在选择树种的过程中,孤植树应当选取具备生长旺盛等方面优质属性的树种,比方说悬铃木等等。

②对植。对植代表的是通过两柱抑或是两丛相间式相对近似的树木,依据相应的轴线关联性,通过均衡等类型的手段进行种植工作,大体运用在凸显道路等类型环境的出入口处,也具备着庇荫、修饰的价值。在构图内部,构筑出配景以及夹景,和孤植树相异,对植工作之中罕见主景的制作。

在规则式种植工作中,采取运用相同种类、规格的树木,按照主体性景物所具备的轴线,进行对称模式下的具体布置工作,两棵树木的连线以及轴线呈垂直状,同时为轴线所均等划分,这样的做法,在建筑等类型环境的入口处以及道路的两侧往往被大量使用。

规则种植工作内部,往往运用树冠保持整齐状态的树种,但是部分树冠呈现出过分扭曲状态的树种应当得到科学化、合理化的运用。在自然式种植工作中,对植并未呈现出对称状态,两侧依旧属于均衡状态。

在河道进水口的两侧的区域环境中,均应当进行自然模式下的进口以及诱导属性的栽植。

③丛植。树丛往往是通过两株至十几株不等的,同种抑或是异种乔木等类型的树种配置栽种形成的种植种类。配植树丛的地面,能够成为草花地等。树丛属于景观环境之中的绿地构造,着重进行规置的种植种类之一,其主体性的内容,是反馈出树群美的整体性形象,因此,应当极为积极地妥善对待树株以及树种彼此间存在的内部联系。

树株彼此间的联系,代表的是疏密等方面的具体元素;树种彼此间的联系,代表的是相异乔木、乔木与灌木内部的组配联系。

在规置株间距的时候,应当强调合理性、错落性,令其能够演变为具备有机性的统一整体。

在规置树种间联系的时候,应当尽可能地选取那些搭配关系具备一定把握性的树种类型,同时应当为快速生长以及慢速生长等类似方面,不同类型的树种进行有机性交融,组配呈生态环境趋于平稳的整体性树丛。

树林被当作主景的时候,最好应当选取针阔叶混植的树丛结构,能够获得相当优质的视觉审美成效。能够配合种植于岛屿等位置,当作主景的核心元素。在我国的古典山水园林中,树丛和岩石的配合性构造,往往被规置于走廊等处,构筑出一种具备绘画性画面元素的树石构造景观。

④群植。群植大部分是通过大量乔木、灌木(通常超过二三十株)进行混合,开展群落性栽种的种植种类。树群大体展示出一种群落性的美感,类似于上文谈到的孤植树木以及树丛元素,属于构图之中主景中的一员。

所以,树群应当被规置于具备充分距离性的广袤场地之中,比方说水面内部的小型岛屿,等等。树群主体性立面的前侧位置,至少在树群高度的 4 倍、树宽度的 1.5 倍距离以上,应当预留一定的空白地带,以方便观光客的游览。

⑤列植。也就是行列栽植,代表的是乔木以及灌木依循相应的株行距,进行行列性的栽种,抑或是在行列之内,株距产生出一定的改变。

行列栽植延伸出的具体景观,相对而言更为纯粹而磅礴。其属于规则式景观环境绿地内部,比方说居住区等区域,进行绿化工作的过程中,是最为广泛频繁使用的基础性栽植手段。

六是林植。只要是成片块状,大规模地进行乔木以及灌木的栽种,衍生出林地以及森林实景的,都能够被叫作林植,同时还能够被称为树林。林植普遍运用在风景区等地带。树林能够被细化为密林以及疏林两大类型。

(2)主体性的方式手段

①花卉。花卉具有相当多样化的类型,拥有美丽的外观,且繁育过程相对简易,所需时长较短,所以花卉属于景观环境绿地内部,频繁性地进行关键性修饰、色彩组合的植物性素材。在充实景观等角度中,花卉能够起到自身的独到成效,往往在大型节日中得到很好的运用。选取那些耗力较轻、花期较长、不需精细管理的花卉,比方说球根花卉等等。

a.花坛。

在相应范畴的畦地之中,依循整形抑或是半整形的花样,种植观赏性的植物,展示整体性的花卉美感的景观存在。

花坛能够被细化为独立花坛、花坛群以及带状花坛。其中,独立花坛具有自身的几何形轮廓构造,属于景观环境构图内部的主体性内容,进行着一种独立属性下的存在。花坛往往被规置于道路交叉位置等处,通过花架等元素构筑出绿化空间的核心位置。

具备独立属性的花坛,其平面性的外观往往为对称状态下的几何样式,一部分为单面化的对称样式,另一部分为多面化的对称样式。通过数量较多的花坛构筑出的无法被切割的整体性存在,被叫做花坛群。花坛群在进行内部整合的过程中,其排列组合是通过一种规则化的方式实现的。

呈现单面对称构造的花坛群,属于多个花坛于中轴线两边实现对称性的序列,这一类型的花坛群的纵横轴相交的核心位置,即为花坛群的构图核心点。宽度超过1米,长度大于宽度超过3倍的长条形的花坛构造,被叫作带状花坛。

在连续风景构图工作中,带状花坛能够被当作主体进行使用,还能够被当作观赏花坛的边缘点缀,也能够被当作建筑体墙基的修饰性存在。

②花境。

花境属于将多年生花卉当做主体性内容进行组构而成的带状地段,在花卉的具体布置工作中,选用了自然式块状混交模式,展示出花卉群落的一种自然条件下的景色。

花镜属在景观环境设计工作中,构图方式由规则式至自然式的,过渡属性下的半自然式种植手段。平面轮廓接近于带状花坛,植床两侧位置为平行线,抑或是具备几何性规律的曲线存在。

花境之中,所具备的长轴长度相当长,高度和规格相对较小的草本植物花境,可以在设置布局过程中,将宽度缩小;高度和规格相对较大的草本植物,抑或是灌木,在设置布局过程中,应当将宽度适量拉大。

花境的构图属于依循长轴方向进行推移延展的连续属性构图,属于纵横交融的融合性景观。花境在设置工作中选取的植物材料,将多年生花卉等植物当做主体性的内容,需要植物能够具备四季的观赏性,并且可以在不同季节中起到交替性的景观效果,一般而言,在进行栽种之后,三到五年的时间内不变动。花境展示出的主旨性内容,为欣赏植物自身具备自然性观赏价值和组合性的植物群所带来的集群性美感。

花境能够细分为两大类型,即单面观赏以及双面观赏。单面观赏的花境,大部分被规制在道路的两旁,抑或是草坪附近。应当将身形较高花卉的种植位置后移,身形较矮的花卉种植位置前移。花卉的所具备的身形高度,能够高于观光客的视野所及,同样不可以过分超出。双面观赏的花境,大部分被规置于道路中心位置,身形较高的花卉被栽种于中央位置,其两旁进行身形较矮的花卉栽种。中央位置中的最高点尽可能地低于观光客的视野最高点,唯有花灌木的高度能够越过这一范围。花境于景观环境内部,能够进行普遍性的使用。

②草坪。草坪的具体空间细化应当主体性地考量下述两点内容。

a. 立意。草坪之中植物配植的翔实性立意,即为通过配植工作,展示出草坪空间构造内部的具体实际设计意图。山景草坪通常为选取起伏性较小的地形地貌,通过植物配植的手段,实施空间划分工作,深化山林自然环境的静谧氛围;

水景草坪通常运用视野相对辽远而广袤的水面环境,选取能够契合于水体附近环境进行栽种的植物类型,抑或是塑造出某一类型的框景方式展开空间内部的具体划分工作,营造出一种精妙的水景环境下的自然氛围,等等。

但是,这一类型的相异景观中,能够实现的草坪空间艺术成效,立意对此起到了决策性的作用。所以,立意属于草坪空间细化工作的前提性条件。草坪空间带给大众的视觉体验也许是一种封闭感,也许是一种辽远感,也许具备着自然山林的悠远绵长,也许能够凸显出四季的不同风貌,这些都是源于立意这一关键性的元素,同时辅以植物配植的方式进行施展与优化。

立意具体体现在通过多样化的相异类型、色彩的植物进行构筑的立体空间感,其中,空间比例同样属于构成空间感的一种关键性元素,是通过草坪宽度等元素进行决策的。比方说规置出一个视野辽阔的草坪,一方面方便大众的日常休闲活动,另一方面也能令观光者得到一种优质性的审美体验。

b. 林缘线处理。林缘线代表的是树林抑或是树丛边缘位置,经由联系树冠的投影而得出的连续性线段。林缘线处理,即为植物配植的真实设计意图反馈于平面构图之中的具象化样式。林缘线处理属于植物空间细化工作的关键性方式,透景线的衍生等工作,大部分要凭借林缘线展开进行。

林缘线的曲折,能够对于透景线进行组织性的工作,提升草坪所具备的景深水平。例如,北京一座大使馆内部的中心庭院,由元宝枫以及银杏构筑成型的树丛内部,可以透视到海棠、合欢树等元素。此处为通过树丛内部所具备的林缘线,构筑出相应的透景线,通过不同的距离以及色彩浓烈度,就草坪能够实现的景深观感成效进行了深化。

相同高度等级的树木配植,衍生出了高度一致的林冠线,尽管较为单一化,然而更能够展示出一种简约的磅礴感,以及特色化的展示力。例如,济南泉城公园中,映日湖畔的杨柳,由于大量轻柔拂动的,自然垂落的枝条,而呈现出一种温柔的气息。再比如,济南五龙潭公园内部的蔷薇花群,呈现出一种相当壮观的视觉效果。

相异层级高度的树木配植,能够衍生出具备一定起伏性的林冠线。所以,在地形相对平稳的草坪中,应当尤其留心林冠线的具体构图工作。于林冠线相对平稳的树群内部,彰显出某一棵尤其高大的孤立状态下的树木,也许能够起到相当程度的观赏实效。就算是相同形高的相同植物配植,因为地形存在着差异性,所以林冠线同样存在着差异性。

③水景植物。

a.水边的植物。邻水而生的植物种植规划,属于水面空间构造的关键性构成,其同另外的景观环境元素融合构成的艺术构图,就整体性的水景能够起到关键性的价值,然而,其应当构筑于耐水性的植物以及契合于植物生长所需的基础之上,才能够得到预期的目标成效。

将树种构筑为主体性的景观。水边往往栽种一株抑或是一丛具备特质化属性的树木,从而构筑出水池内部的主体性景观,比方说于水体周边栽种蔷薇等植物,均可以构筑出主体性的景观。

运用花草镶边的方式,抑或是和湖石相交融,配植出花木自然条件下的驳岸,不管是土岸抑或是石岸,往往采用具备耐水湿特质的植物,栽种于水体周边,能够深化水景的整体性的构图造型意趣,充实水体周边所具备的色彩种类。

例如,水体周边种植芦苇等等,能够凸显季节性的属性,同时还具备相当程度的野趣性色彩。冬天水景周围的色彩相对单调,所以,如果在驳岸的湖畔规置出部分不畏寒冷,同时具备鲜艳色彩的菊花盆栽,镶嵌在湖石内部,就可以起到一定的点缀性作用。

在进行水体周围植物的配植时,运用草本抑或是落叶木本植物为大多数,其能够令水体周围的空间衍生出相应的改变。由于草花这种植物具备着多样化的品类,如果进行频繁性的变换,同样能够做到令景观元素更加充实。

林冠线。中国古代景观之中的植物配植工作,相对更加强调植物所具备的外在姿态以及具体的生长习性,例如垂柳,便存留下了"湖上新春柳,摇摇欲换人"的诗句。这说明,在水体周围种植柳树,可以称得上是中国水体周围植物配植工作中,一种传承性的风格。

水体周围的植物配植工作,最好能够进行群体性的种植,而不是进行孤立植株的栽种与欣赏,同时也应当留心和整体性的景观风格、附近环境条件的和谐性。在水体周围存在建筑物的时候,更应当留心植物配植和建筑物间,延伸成型的林冠线。

透景线。与能够借景之处,水体周围进行树木栽种时,应当预留透景线的位置。水体周围的透景线并不等于园路内部存在的透视景。这里所说的透景线,不局限在树木等物体内部,而应当属于景面中的一种。

配植植物的过程中,能够选取身形相对高大的乔木,拉大株距,通过树冠作为材料,将透景面构筑成型。例如颐和园,通过大桧柏,把万寿山内部的前山演变为一种兼具主景以及立体性层次感的漏景式存在。

水体周围的植物配植工作,在平面构图中,不适合和水体边线等距离的进行圆圈式绕场,而应当在距离上做到远近结合,令水体空间和附近的景色环境进行交融;立面轮廓线应当做到极具衍变性,交融高低两种元素;植物色彩的选择上,可以更偏明快鲜艳,但这种种设计选择均应当契合综合性的水平空间立意的需要。

水体周围的植物,应当进行选取部分枝条脉络相对柔和的树植,比方说香樟等等。

b.水生植物。这一类型植物的许多部位,比方说花朵等等,均具备着观赏价值,进行水生植物的种植,能够改变水体的沉寂感,使得水体景观更富有趣味性,同时,也能够实效性地弱化水体的蒸发作用,优化水体质量。

水生植物所具备的生长速度较快,且具备相当程度的环境适应能力,栽培手段相对并不细致复杂,管理活动同样相对并不繁杂,同时能够进行药材等产品的生产工作,比方说藕等等。

二、水体以及道路

(一)景观规划工作内部的水体要素

水体在景观设计工作中所存在的艺术形态,属于创作的重要元素之一,能够构筑出大量引人入胜的景色,以及雅致的环境氛围。

景观设计内部,水体通常存在三大类型的基础性形态:

面的形态,构筑出背景;

线的形态,构筑出网络;

点的形态,被当作景观内部的焦点元素。

水体内部,点线面的联结,能够衍生出多样化的充实景观。在西方国家,景观环境内部,景观水体大部分呈现出几何组合形态。在东方国家,景观水体大部分属于自由组合形态。

1. 流水以及静水

(1)流水

景观设计内部的动水大部分呈溪流状,具体形态往往为狭长的带状构造,水面之中存在着宽窄不均的情况。溪流内部存在着三角洲等等,溪岸两边以及溪水内部,存在着汀步等等。水体岸边存在着时而隐约,时而明显的小径。

如果希望呈现出一种僻静的水体流动氛围,则水体所展示出的具体形态,应当是线状抑或是带状,水流方向平行于水体的前进方向,水体空间不宜过宽,水岸应当呈现出相应的蜿蜒性,凭借光线等元素,渲染出一种明暗交错的空间感,留心高度差等方面的不同,运用水体的跌落点,衍生出一种仿若乐律的声效体验,如果希望展示出水体流动过程中的灵动性,渲染出一种奔放的流动感,则水体内部应当存在 $1\%\sim2\%$ 的坡度。

存在一定趣味性的水体,其坡度应当于 3% 之内进行衍变。水体急剧形成狭窄姿态,能够衍生出一种汹涌的流动感;水体若是做到平滑等宽,则能够缓慢流淌;水体流动范畴变得宽广,则水流会趋于稳定。

河床若是存在蜿蜒、起伏等现象,则导致水体流动过程中的速度改变,水体流动过程中的稳定与急促,均能够衍生出相异的视觉体验。

在景观环境中,溪流之中的上流,相对而言河底不平,存在很多体积较大的石块;下游存在的石块不多,就算是存在石块,通常也是体积比较小的类型,河底相对更加平缓一些。水体流动过程中,内部置石的形态相异,便能够延伸出相异的最终视觉成效。

(2)静水

静水代表的是呈现出片状的水进行集中的水面,在景观内部,往往通过海洋等形态呈现。静水一方面相对更加静谧，然而它同样极具动态性的属性，其中涵盖着多元化的意境，以及磅礴的生命感。

因为它的表面极其平静，静水能够折射出附近物体的影子，深化空间内部所具备的层级性，给予观赏者一种充分的想象空间。在色彩层面中，静水能够反馈出附近物体的四季外观，展示出一种时空性的改变；在风的吹动作用中，静水能够衍生出微小的纹路，抑或是叠开的微浪，展示出水体于所具备的动感性属性；在光线的映射作用下，静水能够衍生出逆光等一系列的自然现象，令水面更加灵动而富有色泽。

池水景观内部所具备的尺度，通常而言，最好能够更小一些，更精简一些。条件允许的情况中，能够于水体内部，进行水生植物的种植，抑或是进行浮岛的布局，同样还能够进行鱼类的饲养。岸边最好能够种植部分具备艳丽色泽的植物以供游人观赏。

2. 落水与喷泉

（1）落水

落水涵盖瀑布以及跌水两大类型。水体由悬崖抑或是陡坡之上进行流落，构筑出的水体景观被叫作瀑布。普遍来说，瀑布是通过瀑身等元素构成的。瀑布口的外观，能够对瀑身的外观以及最终呈现的实景观感起到直接性的作用。若是出水口比较平直，那么跌落水体的形状同样较为板直，类似于垂挂的白色毛巾一般，不具备动感属性。若是出水口平面相对蜿蜒，存在着进与退的不同衍变，且出水口立面呈现出高度不均匀的形态，那么流落的水体便会呈现出厚度、宽度不均的情况，这就灵活调节瀑身的外观形态，是具备着相当程度的积极性作用。由出水口为起源点，流落到潭水内部的这一部分水体，被叫作瀑身，属于观景者观看瀑布过程中，主体性的欣赏节段。

依照岩石类型的不同、地貌地形的相异特质属性，环境空间等方面的性质就瀑布所具备的主体性风格起到了决定性的作用，抑或是轻盈，抑或是磅礴。

相异类型的瀑布，在观赏过程中应当选择相异的观景位置。就垂直形态的瀑布景观而言，想要能够凸显其高度，最好能够令观景者对其进行仰视，观赏位置最好能够更加靠近瀑布。就水平瀑布而言，若是想要能够凸显其宽度，最好能够令观景者对瀑布景观进行平视，观赏位置最好能够与瀑布的实际位置存在较远的距离。

由瀑布之中跌向地面的水体,在地表上方衍生出具备一定深度的水坑,即为瀑潭。此处应当进行大小不均的岩石规置。瀑潭所具备的实际规格,应当恰好可以接住由瀑布中跌落的水体。

跌水属于瀑布景观之中又一类型的展示姿态,其为于瀑布的高底层之中,增设部分障碍性的存在,抑或是平面构成,令瀑布水体能够衍生出一种短时间的停留性,抑或是间离感。跌水衍生出的声光实际成效,相较于普通的瀑布而言,样式更为充盈,更能够引起观赏者的赏景兴趣。

科学化的跌水,应当尽可能地模拟大自然之中溪流的跌落方式,避免过分的人工干预。

(2)喷泉

喷泉大体是通过管路系统等元素构成的。

喷泉是将别致水形的喷射作为优势性元素,完整呈现出的视觉效果,是由喷头形状,以及其平面形式下的具体组配方式决定的。目前,喷泉所具备的具体造型愈发多元化,具体涵盖涌泉形等多种类型。

平面形式下的组配,属于融合了水池内部的实际平面外观,进行景观塑造,电力等元素在喷泉造景工作中得到了普遍性的使用,所以,在一般意义上的喷泉之外,另外也涵盖着间歇喷泉等多样化的喷泉种类。

在我国北方,到了冬天,喷泉会被冻住的,导致无法喷水,从而喷泉池底部等产生裸露的情况,相对而言并不美观,为妥善处理这一问题,这些年以来,设计工作者设制出了隐蔽式喷泉,也被叫作旱喷泉。

旱喷泉的设计构造内部,具备喷水功能的主体性设施的位置一般处于地表之下,地表上方仅存留了喷水的较小孔缝,喷泉开启喷水功能的时候,相当美观,而当喷水功能被关闭的时候,游览者能够于喷泉场地内部进行休闲活动。

(二)景观规划工作实施中的道路要素

道路属于景观内部的主体性骨架以及脉络,属于景观造景工作内部的关键性一员。

1.景观内部,道路能够起到的具体效能

(1)组织交通

景观内部的道路,需要能够起到接连外部道路,疏通行人与来往车辆的作用,同时,也应做到实现相当意义上的交通实际所需。

(2)引导游览

依照相异游客群体的实际所需,进行相异游览活动的组织行为,并就景观的赏景过程,起到一定的组配性价值。

(3)对空间进行组织,构筑出相应的景观

道路可以进行景色的分构,以及空间的组织,其存在的具体线型以及相应的铺装工作,能够和周边的建筑等元素,组配呈多样化的景观,因此,得到完善规置的道路,一方面属于传统意义上的道路,另一方面,也成了风景景观中的一员。

第二章
景观设计的基本原理

第一节　人、景观、感受

景观设计属于人工性的,是就环境展开下意识的、针对性的优化性营造工作,景观设计工作的主体性目标,被归结为游客本身。

因此,景观设计的实际工作中,首当其冲的是应当实现大众就环境优化所提出的两大类型的实际所需,首先是使用效能的完善,大体涵盖便利等方面。其次是实现个体的感受,不管是身体层面的,抑或是内在心理层面的具体感受。

尽管上述两个方面均存在着不可或缺的地位,然而,它们所具备的关键性价值却存在着一定的差异性。实用性效能的实现,为基础性的条件元素;实现个体的感受,属于景观艺术工作以及设计工作的本质性属性。

所以,景观能够就个体感受起到的满足性作用,即为景观设计工作的关键性探索目标。一般而言,能够将个体的感受细分成个体性感受、社会群体性感受。若是认为景观设计工作者在进行设计工作的过程中,是将自我的感受当作工作的起源点,则这一类型阐述出的自我感受,应当和社会群体性感受激荡出一种同理性的共鸣感,展示出它所具备的社会属性艺术价值,实现大众的实际具体所需,才能够被当作是优质的设计。

由另外角度讲,社会群体性感受同样为通过诸多独立性的个体感受进行融合从而衍生成型的。因此,就景观设计来说,认知大众针对景观所衍生出的实际感受,属于设计工作者可以深层次地探索景观艺术、景观设计工作的过程中,不可或缺的一个环节。就大众针对景观所衍生出的感受展开相应的剖析,从较深层级展开认知,是极其必需而关键的。

然而,因为"个体的感受"这个课题,在心理学中,具备着极其繁杂的具体范畴,具体涵盖而不局限于意识的衍生出现等等方面的心理范畴,其不单单具备着一定程度的个体差异性,也往往存在着交替出现等诸多方面的特质属性。

因此,进行整体性的深刻描述与探索个体就景观能够衍生出的真实感受,是相当关键也是必需的,然而,同时也属于一项相当艰难的任务。

所以,仅可以选取其中某几种具备相对普遍共同性的认识感受,对其进行简易化的解读与剖析工作。尽管这样,这部分简易化的解读以及剖析工作,就我们充实针对景观艺术工作、设计工作的理解认知,依旧具备着相当关键的价值。

一、如画:审美观照

"景色如画"(也就是如画感)大概是当下大众相对普遍运用的,就景观视觉美感的一种广泛性的评价,由早期的就自然景色展开的评论,直至目前,就市、镇等区域内部的人造环境,大众同样往往会运用到这一类型的评价。

然而,这种如画感,并非大众就景观视觉美感的最初印象,这是由于风景如画这一概念,出现于绘画的诞生之后,抑或可以说,是出现在风景绘画的诞生之后,方可以衍生出景观设计工作和关联性的理论知识内部。

在景观设计工作的过往经验中,风景绘画就大众的景观审美体验,曾经衍生出了相当可观的作用,这种作用在目前的景观设计等方面的工作中,依旧存在着相当程度的意义。

我国明代的计成,提出自身进行园林设计工作的基础性内容,为"荆关笔意"(所谓的荆关笔意,代表的是依循唐朝晚期的著名画家荆浩、关仝所运用的画风,当作自身设计创意的意蕴基调)。

在欧洲,法国画家克劳德·洛兰过世将近百年后,大众依旧通过其创作的风景画作当作具象化的标准,进行客观存在景致的完善,抑或是评价工作。

在日本,15世纪的时候,我国的宋明两朝的山水卷轴作品,被日本画家当作水墨画的临摹原本,临摹作品用来当作"造庭粉本"。

主张"凡不能入画的园林都不值一顾"的法国贵族吉拉丹,其构筑出别墅景观的过程,是将部分绘画工作者提倡的绘画艺术中的形式美原则当作主体性的评价准则,这是由于吉拉丹觉得,绘画由于它就客观实际景色的美这一属性的凝萃,应当被当作设计工作者进行园林景观设制工作中,一种具备相当程度参考价值的范例。

18到19世纪,在欧洲国家,衍生出了一种"如画式"的景观设计手段,英国的建筑师约翰·纳什把这种设计手段在城市范畴之中进行了实践运用,设计出位于伦敦的马里波恩公园。

二战后,规划学家阿伯科隆比在伦敦地区的城市设计工作中,交融了乡村以及社会邻里单元的相关具体理论性知识,把伦敦规划成一种近似于诸多小型镇子的集群的形式,这种把居所与景观进行密切联结的探索,被叫作"新如画式"。

不应被忽略的是,这部分"如画"的具体评价衡量准则,以及典例式模本之中,存在着相当鲜明的局限空间,这部分元素类似于目前的景观图片等素材,均属于替大众的景观审美需求带来部分前期性的材料,充实大众的视野范畴,塑造出大众较好的理论水平,其同"评价标准"之间,并不存在着相对直接化的具体联系。

可以这样讲,在景观设计和它的具体理论知识构造中,"景色如画"这个词语的内蕴,并未广义化地针对着某一类型的精准衡量标准,而应当更趋向历史文本比喻式的手法。一方面,在于大众和景观之间存在的感受联系,无法为大众和画的联系进行整体性的覆盖,也就是大众对于景观所能够衍生出的审美性感受,以及大众针对绘画作品进行的观赏活动——审美观照存在着鲜明的差异性。这不单单是通过大众于景观内部的视野等动态性元素而决定的。也因为大众针对景观衍生出感受的过程中,凭借的感觉性器官等等,并非像针对绘画作品一般,局限在视觉观感体验之中,同时还存在着其他多样化的感知体验,比方说嗅觉等,均能够起到一定程度的影响,在部分情况中,还有可能官能元素这部分影响会超过视觉官能为个体带来的影响。

更为本质的一点为,个体就景观,甚至是更加辽阔的环境的感知能力,可以被归结为是立足于个体基础性的感知判断水平的,也就是个体于环境内部,于自身视野所及范畴内部,抑或是另外的感知能力所能够感知的范畴中,不管相隔距离具体是多少,其间是不是存在某一类型的障碍,大众处于自身就环境元素的惯性思维经验,就环境内部的各种存在以及种种情况衍生出一种自己觉得属于真实的存在性判断——"真实性"感受。

因此,景观艺术属可以令大众感到一种模拟真实性体验的实在性艺术存在,它的主体性特质,能够直接性地影响大众的多样化感知能力和内在的心理活动。同时,大众针对绘画而衍生出的模拟真实的感受,属于类似于"审美观照"等元素衍生出的投射心理,感知演变为想象内容,从而在具备一定约束性的条件下得以完成。

所以,能够这样理解,第一,"如画感"抑或是"入画感",并非代表着个体能够彻底性地如同"审美观照",对绘画作品进行品鉴一般,进行景物的欣赏体验。

第二，"如画感"抑或是"入画感"，更为大量的是代表着由于经受过教育（特别是美术角度的教育），而进行的比喻手段下的评价工作。

因此，就美术修养相对较好的人来说，像"风景如画"等方面的感受，的确可以从大量角度充实个体就景观进行的观赏行为，抑或是给予设计工作者部分启迪性的影响，然而并不意味着，在美术修养方面相对较弱的个体无法对于景观实现观赏行为。

有时候，在大众居于某一种景观之下，同样能够衍生出一种近似处于绘画作品的感受。比方说从窗中望向房间之外的空间（这个时候窗户的作用类似绘画作品的画框），在很长的一段时间内，由固定化的视角位置，望向固态化的、静止化的景观等等。

于此情况之中，个体就景观的审美体验对个体进行绘画作品的欣赏活动并不存在过于鲜明的区别。然而，在大众于欣赏景色的过程中，感叹风景如画，抑或是体验一种艺术方面的深刻情感（美，抑或是部分能够深植人心的体验），这个时候大众就景观所衍生出的审美感受，便挣脱出了一种类似于欣赏画面一般的束缚感。

大众的想象等方面的具体活动，均交融于景观内部，同时在景观内得到了活化。不难发现，所谓的景色如画和大众就景观所衍生的审美体验，在大量的角度之中均存在着差异性。

二、如诗：感悟

景观和诗歌作品之间，存在着某一类型的相当紧密的联系，这一类型的理解具有很强的普遍性。我国的唐宋时期到明清时期的大量山水园林景观，其设计构筑者，大部分是闻名于世的文人、书画家，往往把诗歌绘画内部的意蕴境界，当作山水园林设计构筑工作中的主旨性立意。

因此，部分观点提出，我国的园林和文学发展，呈现出一种彼此交融，难以脱离的密切联系。

"我认为研究中国园林，似应先从中国诗文入手，则必求其本，先究其源，然后有许多问题可迎刃而解。如果就园论园，则所解不深。"英国艺术理论家里德也认为，风景画的艺术特征与诗歌有关。这二者间到底存在着何种类型的联系？这里，可以由唐朝诗人王维的一首短篇诗《过香积寺》作为突破口，进行探索。

过香积寺

不知香积寺，数里入云峰。古木无人径，深山何处钟。

泉声咽危石，日色冷青松。薄暮空潭曲，安禅制毒龙。

作品题目中的"过"字，代表的含义是顺路探访。诗人的确是要到香积寺造访，然而，诗篇是由"不知"开始的，一方面不知，另一方面却希望前去造访，足可见王维的豪放不羁，以及内心深处那种探索幽静之处的好奇心态。

走了没有多久，便到了"云峰"，也就是高耸入云的山峰下方，这里，可见香积寺地理位置的幽僻感。下面的几句诗文中描述到，途中存在着幽静的小路，但是看不到行人，听得到钟的击鸣声，但是无法判断出鸣声由哪一方位传来。另外，把附近茂盛苍老的古树，以及重重的山峰当作烘托，足可见诗人当时所处的景观多么幽僻。

第五、六句诗文，进一步深化了这样的幽僻感。群山下方树立着大量的危石，泉水遇阻无法顺畅流动，尽可以于群石之间艰难流淌，流水的声音几乎像是一种悲伤的呜咽。太阳已经西下，金黄的暮色笼罩在松林之中，更显清冷，这样的景色，使得诗人衍生出一种悲凉、冰冷的体验。

诗文最末的两句，直到天色近黑的时候，诗人方抵达目的地香积寺，在深沉的暮色下，诗人望着寺院前方静谧的水潭，联想起寺中的僧侣，不由得回忆起一个佛法的传说。

西方世界，某个水潭里，住着一条毒龙，总是出来害人，一位高僧通过佛法将其制服，最终毒龙离开了水潭，再也不会害人。

诗文中提到的"安禅"，是一种佛门术语，也就是安静地打坐，这里所代表的是佛家思想。所说的毒龙，广义上代表着凡人的种种欲望以及苦闷。

王维是我国著名的唐朝诗人、画家，于建园工作角度，同样做出了相当程度的成绩，他所构筑的"辋川别业"，为我国闻名于世的文人园。王维晚年岁月中，潜心于佛学，其创作的诗文往往具有一种淡然感。

《过香积寺》的前六句诗文，纯粹的景物描写，勾勒出一幅静谧的山间景象，但是却也渗透着王维的内在心绪，可以这样讲，诗人将一种"晚年惟好静"的内在感受，结合在其刻画的风景之中。所以，最末一句的"安禅制毒龙"，即为王维内心活动的一种展示。

除此之外，我们应当留心这一点：诗人刻画出宁谧的山间风光，但并未单纯地将一种僻静感作为重点，却大力勾勒了隐约的钟鸣，以及仿若悲鸣一般的流水声响。这里所呈现出的钟鸣与水声，并不弱化环境整体性的静谧效果，却更加深了山间的幽僻感。即为一般所讲的"鸟鸣山更幽"之类的环境体验。

通过这一点,同样能够证明,景观艺术以及景观设计工作,决不单纯属于视觉角度的艺术这个课题。

从古至今,不管是国内抑或是海外,勾勒凸显景色的诗歌作品,还有其他多样化的文学艺术作品,数量均相当庞大。在此处,尽管只以王维的这一首《过香积寺》为典范式的代表,然而能够以一叶见全林,事实上,在文学艺术的浩瀚海洋之中,纯粹以叙景为目的,而进行景色刻画的作品是相当罕见的。

所以,国学大师王维国认为"一切景语,皆情语也"。通过诗作刻画美景,其目的在于传递诗人的所思所感,通过文字的形式手段,替大众的想象空间构筑成型的,为景观气氛以及一种深远的境界。于这一类型的气氛与境界内部,存在着创作者的审美取向等多方面的内在属性元素,其中,涵盖着理想等元素,同时,直接性地作用于大众内在世界之中存在的艺术审美方面的实际情感体验。

所以,我们能够这样理解,景观和诗歌之间存在的关联,大体呈现于三大角度:情感、韵律以及审美。而这种关联的渠道,为个体的想象能力。大众由想象能力,在空间节奏等角度中,构筑出一种彼此转换的感知性联系,相互交流影响,强化了大众就景观所能够获得的审美感受。

就"景观如诗如画"等类型的具体体验,尽管我们觉得大众在欣赏画作和实景这两者时,运用的形式存在着区别性,尽管我们觉得诗歌作品是凭借大众的想象,以及韵律等类型的文学手段,对大众的内心进行触动。然而,从更为深层化的角度进行考量,景观和与其存在联系性的画作、诗作,这三种元素彼此间存在着共通性的属性,存在着相类似的,要构筑出某一类型的景色气氛,以及审美境界的艺术特质属性,这一类型的艺术特质属性,令这三种元素产生了相当密切的关联,同时彼此起到推动作用,强化了它们各自所具备的,展示艺术情感方面的特质属性。

面对着具备实在属性的景观,若是其能够触动画家等多类型的人群,则此景观具备的氛围感等元素,一定能够同这部分人群的内在世界产生一定的契合度,画家将它当作素材进行绘画创作,诗人将它当作素材进行文学创作,在此创作活动内部,他们所创作的作品,能够结合部分作者自身的所思所想,继而对大众的内心世界产生触动,受到这一类型的影响性作用,大众同样能够按照这部分作品,对具备实在属性的景观进行评鉴,深化自身的欣赏活动,这属于交流式的、情感等元素逐步充实的过程。

所以,我们能够产生这种理解,在大众就景观衍生出体验感受的时候,景观构筑出的气氛与境界,同样包含了大众的审美情趣等方面的元素,优美的景观所具备的如诗感、入画感,必然增强大众就景观所衍生出的艺术性感受体验。

和景观审美相关联的几大类型的环境感受:

(1)陌生和新奇

当大众来到一个自身完全陌生的环境之中时,遇到前所未闻的状况,抑或是走进了一个对其毫无认知的人文环境之中的时候,警惕感是人类首当其冲会衍生出的内在感受,这种的针对陌生空间的警惕感,事实上,其内在深层性的体验,是一种潜在的恐惧意识。

在环境内部,个体的恐惧意识的源头,是其环境控制水平的不足。可以这样理解,在个体丧失了对于环境掌控能力的时候,便会衍生出一种恐惧意识。这种因为陌生环境而导致的警惕感以及恐惧意识,属于个体生物的自卫本能。

警惕性能够令个体的注意力超乎寻常地进行集中,观察更加入微,感受力与思维能力更具备一定的敏锐度,然而,这一类型的紧张氛围下的注意力,是几乎无法令个体衍生出艺术情感美感体验的。

一般而言,从来没有踏进原始丛林的个体,或许可能为原始丛林中,外观令人称奇的动植物所吸引,然而,这种萌芽状态的美感体验,会使个体处于陌生环境而衍生出的紧张意识所覆盖。

海外旅行的过程中,在那些自身并不熟悉的环境内部,若是对该国家的背景并未有所认知,那么个体依旧能够衍生出相应的紧张意识。此时紧张意识的源头,是沟通困难等方面的因素。

大众在陌生环境中衍生出的警惕等类型的心理因素,能够于相应水平之中,有碍于大众就景观所能够衍生出的审美体验感受,然而,这一类型的障碍往往仅出现在个体走进陌生环境的初期,在时间的流逝中,警惕意识逐渐弱化。就算是在历史中,一度令大众觉得畏惧的环境,到了现在人们对其的警惕性也已经在很大程度上弱化了。

数据显示,目前,仅存在小于10%的人,在搭乘车辆与电梯的过程中,会存在一定的不适应性,而根本没有勇气搭乘的人,仅占据小于1%的比重,也就是所谓的恐惧症。但是,在百余年前,这种不适应性是普遍的。目前,通过车辆、电梯的驶动而进行景观的欣赏活动,依然演变为广泛性的观景手段,比方说行驶在野生动物园之中的游览车,等等。

就陌生的环境,应当进行熟悉性的认知,就未产生认知的事物,应当进行相应的了解,就未曾见闻的陌生环境,希望得到相关的体验——这亦为人类的本能性探索活动。

"探究和征服",不仅是大众在创造人类文明之中的源头性驱动力量,同样还属于个体身处于陌生环境之中所作出的必然选择。这一类型的以认知环境为目标而进行"探究与征服"的活动中,在大众在陌生环境之中衍生出警惕意识慢慢弱化的过程中,另外一种对于新奇刺激的体验意识得到了衍生。

新奇感衍生在由陌生至熟悉的进程中,刺激性衍生于由匮乏环境的掌控认知能力,到再次获得对于环境的熟稔、掌控能力的转变进程中,新鲜的体验感能够直接性地为个体带来一种趋近于艺术情感的愉悦感受。

在就环境衍生出一定的新奇感,就陌生环境同样存在着相应的认知后,"参与和旁观"的目的,即为能够更加深入认知环境普遍性的可选择性实施手段。融入环境,演变为这个过程中的一环,继而接着由观察者的视角展开研究——新鲜感依旧于这之中肩负着关键性的职责。

大众往往会留心到,在观光客处于相异的人文环境中的时候,比方说多种多样的仪式,等等,这个过程中,通常一方面存在参与人员,另一方面还存在着一定数量的旁观者。在自然景观中,部分个体选择融入自然环境之中,还有部分个体仅仅是远远瞭望。

事实上,在较为陌生的环境中,个体是融入其中,抑或是遥遥观望,这二者之间其实并未存在着鲜明的区别,其存在往往呈现出一种交替状,尽管依人而异,它们的主体性目标,均为能够更加良好地对于环境产生认知。

部分情况下,在个体也许无法,或是无须对于环境进行过分深入的了解,"想象"往往同样属于另一类型,于内心身处掌控环境的手段,在大众身处陌生环境时,也许会衍生出的三大时期阶段:"预想—探究—掌握",个体的想象能力往往能够弥补探究水平的缺陷。

并不顺畅的蜿蜒道路、广袤的园田、大海、层层叠叠的山峰等等,均无须对其进行整体性的研究,替现象活动留存出内心的一部分空间,在部分情况下,就个体而言同样存在着价值。

在大众存在较为良好的环境中,恐惧等类型的心理体验能够在一定程度之中被弱化甚至于消除,取而代之的是一种放松性的心理感受。

事实上,因为陌生感而导致的个体警惕意识,因为探索的愿望而触发的新鲜感等一系列的关联性体验感受,均能够把它们当作触动景观审美体验感受的部分基础性内容。抑或是能够更为广义性地延伸艺术美感的具体范畴,把存在局限性的恐惧等种种类型的情感体验,这一类型因为空间环境而衍生的心理情感,同样融入到广义视角下的景观美之列。

终究,从环境氛围就个体的内在心理活动起到作用的角度而言,大众往往难以把这部分情感体验彻底性地区别于个体的审美体验感受。

针对这一点,大规模的游乐场大概能够被当作一种典型性的范例。所有人都懂得,游乐场的开设目标,在于充实大众的娱乐体验,一般来说,并不存在着对于游乐场设施安全水平的质疑。然而,在游玩者在"冒险乐园"之中,触碰勇气的极限、在"明日园"之中,在湖水的滑道上飞速掠过之时,惊奇、紧张等等情绪感受的衍生和大众观赏游乐场内部的植物、水体等景观,是同步发生,并且彼此衬托的。

所以,我们能够这样理解,从广义角度而言,景观审美和个体就环境空间掌控能力的把握的平衡存在着关联性,由狭义角度来说,景观美感属于构筑在能够被轻松了解、掌控的事物存在,以及相对而言难以被了解、掌控的事物存在的并存以及平衡之中的。

相对来说难以被了解、掌控的事物存在,令个体衍生出一种警惕性,导致注意力形成集中状态,就次事物展开探索认知的过程中,令个体感受到新鲜刺激的情感体验。同时,相对来说轻易就能够被认知与掌控的事物,会使得个体产生出厌倦感。

(2)漠视以及亲切归属感

前文中,我们研究了个体在陌生环境中的部分情感体验,事实上,就平素生活的绝大部分群体而言,其进行社会生活等行为的环境,均具有一定程度的稳固性特质属性。

在大部分状况之中,大部分个体为活动在自身较为熟稔的场所。前文曾谈到,大众在相对熟稔、能够掌控的环境中,能够获得一种放松的情感体验,我们发现,大众针对那些自身极其熟稔的环境,这种放松体验往往会带来一种麻木性的体验,抑或是太过熟悉,根本体会不到这种放松感的存在。同样能够将其叫作"漠视"性的心理体验。

这种的漠视性体验的大体呈现状况是:由于太熟稔,导致其就环境产生出一种迟钝性,抑或是新鲜感不足。导致漠视情况发生的本质性缘由,是就环境过分熟稔,从而发生了习以为常的情况,这种习以为常,往往会带来忽略自我觉察的意识存在。在自身长时间生活的、十分熟稔的环境中,其中构成环境的元素,比方说水体等等,均被当作是一种不可或缺的附属品存在。这属于大众的潜意识空间感的具体呈现,也就是个体在现实生活中,几乎无法感知到环境就自身带来的影响,然而,个体实施上无法脱离于空间。

这近似于人类往往很少思考自身需要持续性地进行呼吸,同样属于在普遍状况之中,并不为人所知的心理活动:个体对于环境产生的心理层面的依赖感。

往往仅在环境衍生出部分能够被感受变化的时候,抑或是在个体从自身熟稔的环境内部进行脱离的时候,这一类型的将环境当作自身的必然性附属品的空间意识,方可以进行瓦解,这一类型的心理层面依赖方可以得到凸显。

个体的模式状态在部分情况下,令个体即便是长时间地处于美景之中,同样就这些景色相对迟钝,抑或者是毫不在意。阿道夫·格勒通过"审美疲劳"的理论,就其产生了相应的阐释:熟悉的事物相较于陌生的事物而言,比较不会得到人类大脑的关注,所以,大众往往需求更为鲜明的刺激感。

尽管考量部分艺术作品的确具备一种永久性的审美价值属性,针对这一类型的阐释,我们几乎无法把它当作艺术设计工作中得到广泛运用的法则。然而,其至少由一种角度,阐明了于环境内部,新奇感能够瓦解大众的漠视思维。

就个体漠视思维的剖析,至少能够带来下述几点利于景观艺术、景观设计工作的关联性启迪。

首先,在真实客观的生活中,大众通常不可能持久性地进行环境的深度观察,即时性地就环境展开审美角度的评价,不单单是于个体的漠视状态内部,个体也许产生出漠视美景的可能在个体处于极端性情绪等一系列的可能之下,也许会匮乏于就美景的留意。

归根结底,景观是个体活动空间的实体性构成元素,个体就其进行感受的手段,在相当程度上区别于真正意义上的欣赏,比方说在观展之中进行绘画作品的欣赏等等。大众会随时随地地感受身边的景观,尽管相对来说极富价值与意义,然而,这很明显是设计工作者单方面的意愿。

大部分情况下,景观设计师往往应当替大众带来环境景观审美的机会,却不能够强制性地令大众进行景观的观赏。这是由于大众的组成元素,是有血有肉的个体。当然,专门性地进行景观欣赏,是能够另作一番言论的,然而,就大部分个体而言,这无法演变为其所习惯的日常行为。

其次,因为过分熟悉所以产生漠视,这一类型的情况能够被这样理解,就大部分个体生活的局限性活动空间来说,一般情况下,景观设计师将室内空间以外的环境,进行了一种优质性的设计,这相较于致力于打造出单纯意义上的艺术美,事实上更加关键。

最后,漠视状态衍生自由于熟稔而得到固定抑或者是程式化,也就是环境的相对恒定,抑或是能够被预前了解的改变。但是新鲜感能够由某一角度上,瓦解漠视的存在,则景观内部,便应当更大限度地融入"变化"的元素,事实上,景观艺

术工作和景观设计工作自身所具备的艺术性特质属性,恰恰能够替这一类型的
"变化"带来具备独到魅力的施展可能。

景观艺术工作以及景观设计工作的室外性特质,令它相对室内设计等方面的
设计工作,具备了更多的复杂性等性质,其中的原因,在于自然环境是处在持续性
的动态变化活动之中的,而处于自然环境内部的大众,其实际进行的活动类型同
样相当多元化,这两者内部衍生出的交流式作用更是多样。

因此,就景观设计而言,留心它在动态属性下的艺术特质,取其精华、去其糟
粕,开展整体性的剖析以及设计工作,是相当关键的。景观设计不仅带给大众以
一种广袤性的活动空间,同时,也应当规制出多元化的自然人文环境。

个体于自身所熟稔的环境内部,不仅能够衍生出漠视状态,同时也能够衍生
出亲切归属感。日本建筑师植文彦说:"每个人对城市空间都有一种归属感,如对
自己的住宅、街道、常常上学或上班的路,常去的热闹地方等,又比如长期旅行回
来后对自己街道有一种亲切感……"有些时候,由于和自身熟稔环境存在着类似
的道路等等元素,大众就某一部分的陌生环境,同样能够衍生出仿若曾经来过一
般的亲切体验。

事实上,这种亲切感并非仅在城市之中能够发生,在镇子里、村子里,抑或是
部分自然景色内部,同样可以令大众衍生出一种亲切感。

"亲切归属感"属于个体空间的延伸作用下产生的,其基础性的内容,是大众
在生存过程中,必不可少的生物领域性实际所需。这一类型的生物领域性实际所
需,在大众长期的生存经验之中,演变为就生活空间在情感角度上存在的依赖感。

因此,就表面而言,亲切归属感通常能够用来阐释部分实物性的特质属性,比
方说地形特征等。然而,事实上,亲切归属感属于整体空间气氛的衍生品,它的本
质并非展示出部分实物的外在观感,而应当为展示和生存以及生活存在关联性内
容的内在思想感受。

如此的空间氛围衍生品内部,实物性的特质属性尽管存在着一定的不可或缺
的属性,然而,其唯有和个体的生活、情感等方面的过往产生联结,方可以发挥出
相应的价值。

某片树林、某面陈旧的墙……在这些事物和个体的童年经历,抑或是另外的
生活空间产生了联结,便能够得到生命力,个体在面对这些事物的同时,便能够衍
生出一种亲切归属感,但是,就其他的个体而言,不一定存在某些意义。

因此,亲切归属感是具备一定的个体属性的。同时,还存在着一种社会性特
质属性下的亲切归属感,比方说长年经营的市场等,属于某一类人群的记忆,大众

于这些空间内部进行活动,在时间的流逝中,就其衍生出相应的依赖感。

可以令大众衍生出亲切归属感气氛的,为个体生活过程中,对其存在心理性依赖的环境,同样属于大部分人进行生理以及心理活动延展的空间领域,对于这一类型情感的瓦解,也许会带来相当程度的负面后果。

我国,近年以来的大范围城市构筑工作,不具备合理性的拆建活动,往往能够破坏居民原本安定的生活,令这部分居民的亲切归属感丧失,这一类型的负面作用,就部分社会群体(特别是老年人群体)的身心健康,均能够衍生出相当程度的负面影响。

众所周知,社会想要进步,便需要开展城市建设工作。建设工作的不断推进,其主体性的目标在于社会大众,也就是"以人为本",那么,在景观设计等方面的工作内部,大众所具备的亲切归属感,以及人文传统元素,便应当得到最大限度的考量。

除此之外,通过上文就亲切归属感展开的阐述,不难发现,大众在室外环境中,具备一种行为、内在心理情感活动的空间。因此,城市发展规划的过程内部,就历史街区等元素的保护工作,只片面性地考量古老建筑所具备的文物价值,是远远不足够的。同时还应当就建筑、附近空间所具备的亲切归属感,展开最大限度的考量。

通过亲切归属感所具备的空间地域属性而衍生出的相关概念,为标志物抑或是场地识别感。可以发现,大众就某个场地进行的识别性活动,往往是凭借自身就场地内部,某种具备特殊化外观呈现的物体识别开展的。

英国艺术理论家贡布里希认为,这可能是因为"人们可以接收和加工的视觉信息是有限的"。所以,大众要对环境进行识别,应当掌握具备某部分特质性属性的具体事物。因此,标志物的存在,就个体对于场地进行识别工作,是相当关键的。

比方说,谈到背景,大部分人便会联想到天安门,谈到上海,会联想到外滩,还有埃及的金字塔,等等,类似的实例是广泛存在的。

在城市的景观设计工作中,尽管自然物同样能够演变为标志物,比方说湖泊等,然而,若是需规制出人工打造的标志物,那么部分问题点应当进行考量。

第一,由大众识别不同场地的手段中,以大众就场地所存在的心理层面而言,规制抑或是深化部分人工元素,令其演变为场地内部的标志物,在部分情况下是必需的。很明显,标志物不需要被限制在广场等范畴内部,通过文化氛围等多样化的元素也能够构筑出具备城市自身特色属性的标志物。

第二,希望某一类型的人造品能够演变为城市的标志物,这个过程中涵盖了大量的条件性因素,此人造品应当具备文明、情感等多样化的形式,同时契合于社会性的、个体性的审美取向,并得到社会群体属性下的情感投入,等等。

更为关键的点在于,其应当具备长期性的历史性沉积。在此活动进程内部,规划师、建筑师以及景观设计师仅仅能够肩负起给予某些演变为标志物的可能的职责。所以,在部分城市、场地之中进行景观设计方面工作时,应当充分考量进行人工标志物设置的相关问题,应当对这部分问题有相应的预判与估测,规避掉负面情况的存在可能。

实际生活中,就大部分人而言,还具备着一种类型的标志物,这部分标志物往往不似前文所述的那些,能够代表城市、区域的标志物一般闻名于世,为大众普遍了解。它们在大量的情况下,属于一种因人而异的存在。

比方说,由路途较远的地方返家的路上,尽管大部分人也许仍未走到自身所熟稔的范围之中,然而,依据过往的经验,在发现某建筑物,抑或是溪流的时候,便能够了解到,距离家的路途已经很短了,抑或是就快要走到熟悉的区域了。

尽管针对这部分标志物,相异的个体也许能够衍生出相异的选取标准,选取物体相异、实际距离也许同样存在着差异性,然而,均能够把它们当作个体作为生物体进行自我界定出的一种生理层面,以及心理层面之中的边界性存在,就此边界范畴内部的事物是熟稔的,存在着心理层面的依赖的,就此边界范畴外部的事物相对而言更加陌生,同时不具备相应的亲切归属感。

一般而言,大众针对这部分心理边界标志物的选取行为,同样存在相应的规律属性,比方说物体在某段时间之中的稳定属性等。

在就部分场地所展开的景观规划工作以及设计工作内部,对于这部分标志物进行考量,能够实现相当程度的价值作用。

鲁道夫·阿恩海姆就曾写道:"一座教堂或一座宫殿,如果位于一座山顶上,或是在到达它之前有一段极为别致的景色的铺衬;或是在它前方的各条林荫大道的星状交叉点上矗立着一座凯旋门等等,这对它们的识别或确定就非常有帮助,相反,如果一座传统的教堂被包围在纽约市的摩天大楼之间,这种环境对它非但无助,反而会'嘲弄它,把它反衬得更加渺小和可怜……"。

这部分标志物往往为特定群体就某些场地在内在心理层面之中所衍生出的"边界",在我国传统园林设计工作中,这部分标志物同样属于"借景"等设计目标得以完成的关键性依照。

事实上,在景观设计工作的开展过程中,往往能够将具备亲切归属感的普遍性事物,当作场地所具备的特质化标志物,从而进行整体性的剖析工作,以及全方位的统筹设计工作。

(3)融入、迷狂与崇高

由表层次来说,对于某种环境进行融入,看起来和参与是存在着一定联系性的,而事实上,这二者存在着本质属性上的差异性。融入离不开参与活动,然而,融入所联系到的参与,并非单纯象征着投入环境的个体举止,它表示的是内在心理层面的具体状态。

在此类型的心理状态中,环境景观不单纯属于为个体的行为活动而构筑的一种背景性的存在,置身于此的个体并不存在类似的认知,大众同样并未觉得自身属于被投入,抑或是参与至环境内部,相反地,他们觉得自身生成于环境内部。

传统哲学理论中,主体,也就是人;客体,即外在世界之间存在的分界线衍生出一种模糊的状态,人不认为自身是环境之外的存在,他们认为自身和环境属于一种融合性的整体,此即为所谓的"融入"感。

马克·第亚尼对体育竞技等多类型的社会存在的深入化研究,阐述出"移情同一理论",从个体社会行为的视角,阐释这一类型的"融入"感,他认为:"像自然生长出来的一样,它将喜欢和支持人与人之间的情感维系,也将喜欢一种'同一化'的和'共同参与、共同分享'机制"。

这一言论也能够适用在个体就景观所产生的"融入"感中。于"融入"这一类型的内在心理状态内部,个体就环境景观的认知体现,具备着一种统一性的特质属性,其并非单纯展示于诸多彼此分隔的物质内部,属于体现于人事、事事内部的彼此联系,抑或者是"景观——信息"的整体性统一之中。

这种情况下,环境景观能够当作系统对待,被个体的感知进行判断,演变为具备统一性的整体性存在,也就是无法被隔离、无法被进行简易式的表达而演变为彼此隔离的物质关系的整体。

个体就环境景观所衍生出的这一类型的感受体验,不仅存在着被大众的感官所认知的事物,也涵盖了为大众所体验(内在心理层面)的事物,可以这样讲,其属于个体的感知能力以及内在心理感受协同发挥效用,且力量相平衡的结果。

一种立足于融入感,得以衍生的"迷狂",或许令大家对其的认知得到进一步的深化。柏伦森在其《描绘自画像》中回忆他童年的一段经历,他写道:"……那是初夏的一个早晨,银白色的雾霭在酸橙树上颤动,空气中飘着芳香,气候宜人。我记得(完全用不着回忆)我爬上一棵树,然后立刻就沉浸在这一情景里了。我无法给这个情景定一个名字,也不需要用什么来说它,它与我是一体的。"

这便属于所谓"迷狂"的其中一类表现形式,其属于把忘我、忘他当作外在表现的,相对来说更加极端化的融入感受,传统模式下的哲学思想中,"主、客"二分的相关概念,由本质上被瓦解了,个体就环境景观所衍生出的感受,演变为一种综合性的整体构造内部(涵盖欣赏者自身等等),一类具备内含性属性的联系,其仅仅可以为个体所回忆,然而,在那个当下却无法产生自觉性的认知与思考。

融入、迷狂等内在心理感受,均能够回溯至"崇高"这个来自于古希腊的,经过漫长历史的美学概念。

在社会发展过程中,大众发现自身的生存活动等类型的基础性活动,同环境存在着相当程度的密切联系,同时,大众由于外部环境,衍生出诸多类型的和外界世界存在关联的内在情感体验,比方说愉悦等等。

同时,大众意识到,这部分情感体验和人的艺术情感之间,尽管不可以将其判定为存在彻底性的同一性,然而,必然存在着一定的相通属性,以此为据,这部分情感同样属于个体可以衍生出艺术审美情感的基础性内容中的一员。

彼得·福勒就认为:"美感是人类经验和潜能的某种因素的历史性特殊结构,而人类的经验和潜能又从属于我们潜在的生物存在状况,它可能被观念所禁锢和替换,但绝还会被消灭。"

由于外在环境得以衍生的愉悦等类型的内在情感体验,肩负着个体审美情感的基础性内容的职责,并未极具针对性地指向大众所热衷的传统模式下的美感,抑或是美本身,相反地,它较为直观化地针对另一类型的情感体验,也就是被叫作和美存在差异性,同时也存在联系性的美的另外一个层面——崇高,和它的关联性的概念(19世纪之后,西方国家广义范畴之下的美这一概念内部,同样涵盖着崇高的概念)。

在古希腊国家,大众的观念中,艺术所衍生出的艺术品,比方说雕塑等,均同美存在着联系,然而,大众同时观察到,和人工技巧(艺术这个词语的原意,为技能等)存在关联性的美的概念,存在着相应的局限性属性,其不能够包含另外一类,看起来和艺术情感存在很大程度近似性的情感存在,也就是在大众置身于宏伟的自然景色等类型的景观之下时,所衍生出的内心澎湃之感。

因此,便开辟式地衍生出了"崇高"的概念,这一概念被视作和美相互对立,却存在着一定的关联性。希望明确地对崇高进行界定是存在着一定难度的,这是由于其关联到的情感存在着诸多的,譬如狂荡等等,使大众感到相当惊讶而无解的现象,也就是像当今时代中,大众置身于部分自然景色、宏伟景观之时,衍生出的种种内在情绪体验。

英国人柏克于18世纪中期,就崇高这个概念,展开了相对深层次的探索,柏克认为,崇高的特质化属性为孤独等方面的内容,柏克把它阐述成"染上了可怕色彩的宁静",更是把"可怕"当做崇高的"统帅原则"。

崇高和融入环境的感觉存在着较为紧密的关联,"头脑中完全装满了它的对象,以至于无法顾及其他东西,也因此而不能顾及这个对象本身"。柏克觉得"崇高"属于"思维所能够感觉到的最为奇异的情感"。

之后的康德并未彻底性地推翻将艺术和美进行交融的概念,康德参考柏克的观念,把美和崇高展开了对比参照,并未对它们展开了审美经验角度的参照比较,康德认为,崇高依附在匮乏于形式的对象之中,这一类型的对象给予大众的直观性印象为"无限",类似于海洋之上的景色,等等。

康德相当明晰地发现,就大量有关于自然景色等方面的审美经验,是难以通过传统模式下的美的形式原则,进行梳理与整合的,尽管当下,依旧有部分人为此进行着探索和研究。

不管柏克出于何种原因,将可怕当作崇高的统帅原则,可以这样讲,由表层次而言,崇高关联到的大量情感,并非均能够衍生出恐惧情绪,然而,由较深层次而言,柏克道明了崇高的基础性内容,比方说黑暗等类型的情感体验,均衍生自一种个体就环境认知水平存在的失控情况,磅礴等类型的具体场景,令个体产生一种无法对外部世界和它存在的外在表象进行掌控的心态,同时认为,就算是做出了相应的努力,依旧无法实现。

柏伦森认为,崇高是同"融入进环境"的内在体验存在关联的,其回忆了自身的童年往事之后,写下这样的话:"在观赏者看一件艺术作品的时候,它一闪而过,是那样短暂,几乎谈不上什么时间。于是他那正常的自我便停止了,而绘画、建筑、雕塑、风景,或审美现实,也就不再处于他自身之外,二者合为一体了。"

柏伦森的大量审美体验,源于同自然之景彼此交融,衍生为统一整体的时刻,将融入环境的迷狂当作特质化属性表征,依然丧失了自身存在的局限性,以及外部的客观世界,就像是外部客观世界和柏伦森自身依然交融为一个统一的整体。

因此,大众往往这样说,柏伦森于自然风光内部,观察到了"崇高"。这一类型的"神与物游,神于物化"相关的内在情感体验,看起来可以对此观点进行证实:崇高感相较于针对传统美的追求的层次更深,其能够关联到内在情感体验,以及大众体验的悠久历史,同时,这一类型的情感以及体验,可以说是先于系统性的意识以及既存世界的差异。

也许恰恰是因为崇高内部所存在的"合为一体"的情感体验,其往往被当作具备玄学,抑或者是唯心思想的神秘主义色彩,同时能够和部分宗教体验存在关联性,方能够影响到艺术领域范畴内部,对它普遍存在着存而不论的认知方式。

19世纪之后,西方国家广泛认为传统美以及崇高,都可以被归结在审美研究的关键性范畴内部。美关联着轮廓等方面的内容;崇高联系着色彩等方面的内容。然而,就崇高所进行的探索等工作,的确无法抗衡于就"美的形式"所展开的探索。在审美理论中,崇高一般不会被进行专门性的阐述,仅能够以片段化的形式出现。

1914年,克里夫·贝尔在他的著作"艺术"内部,对"文艺复兴"发起了质疑,克里夫认为,在文艺复兴的过程中,自然主义以及唯物主义,对于他谈到的"纯粹的审美迷狂"进行了驱除性的行为,而这种"纯粹的审美迷狂",接近崇高属性下的审美体验。

克里夫发出了这样的哀叹,文艺复兴的过程中,"智慧正在填充感情所留下的空白",艺术家所创作出的果实,因为"科学和文化"的出现而得到了替代。克里夫的观点,近似于我国的传统国画,强调的气韵等观点,大部分指代的是于纯粹化的美术领域之中,而绝非片面化的景观审美体验。

事实上,当下的大众在大量就环境景观的欣赏活动内部,"崇高",尽管并非往往带来"合为一体"的认知,然而,这一类型的投入感等方面的情感体验,是相当明显的,与之前的种种探索并不存在差异性。

在景观艺术产生了相当程度的影响性作用的西方国家的学院派风景画家,比方说克劳德·洛兰等,还涵盖被当作我国传统景观设计工作中的关键性依据的山水画作品,其所具备的绘画特质属性,恰恰是基于崇高感的一种灵活式的运用,能够令大众产生一种身临其境的感觉,由此体验到崇高的情感。对于崇高感的时而克制、时而深入,构筑出画景、景人内部所存在的情感体验关联。

对崇高进行的强化性剖析,应当支持如下形式的论断:大众所具备的观察性体验和外部客观实际之间存在的联系,相较于当下的一般构想更为复杂,这将不会继续承认大众的知觉体验,和源于外在环境的官能刺激内部的简易化、直观化关联。事实上,个体于环境景观内部所衍生出的审美经验,相较于绘画过程之中,可以得到更深层次的认知。

美学研究在很久之前便观察到了如下情况:美感往往能够演变为彼此对立,同时也彼此关联的两种主体性类型。其也许属于一种使得大众对其心生敬畏的崇高感,也许属于一种千娇百媚的娇柔感。

事实上,在社会发展过程中,崇高属于一种先于"美"而得以衍生的情感体验,抑或是像里克洛夫特的观点,想象与理性由起初阶段便在一个统一的整体之中得以共存,也就是崇高和美呈现出一种同步衍生的状态。源自个体就景观欣赏的"崇高",属于一种确实性的情感体验,它所具备的价值等元素与传统意义上的美相一致,同时和传统意义上的美进行协作,构筑出整体性的个体就景观的审美经验等诸多方面的元素。

上述论证中,我们以普遍运用的景观评价"如诗如画"为着眼点,大众在环境景观中,相对普遍的融入内在心理体验,进行了相应程度的阐述与剖析。应当明晰地了解,我们剖析的这部分情感体验,仅仅属于个体就环境景观所产生出的多样化体验中的局部,而并不属于其整体。

因为个体的内在心理活动特质化属性,个体就环境景观所衍生出的情感体验,往往具备着多元化的特质属性,涵盖着转瞬即逝的特质属性,因此,在对观景过程结束后的回忆,以及置身于实景内部所衍生出的内在体验,存在着相应的区别。

就个体、环境等元素所衍生出的体验进行剖析,依旧存在着相当程度的必需性。不仅能够令我们脉络清晰地探索景观艺术工作、景观设计工作给个体带来的影响,同时,也使得我们就景观审美的深入研究,获得了前提性的条件以及研究基础。

第二节　景观设计的审美情感特征

景观设计被当作融合了科学属性以及艺术属性的专门性学科,在探索景观以及个体内在情感体验之间的联系时,必然会关联两大角度的理论,首先是人类的生理学以及心理学领域,其次是美学领域。

就个体的生理感受,以及个体的心理学,是通过科学的视角探索个体就景观所衍生出的内在情感体验,前文中,我们就个体在景观内部的部分心理体验进行了一定程度的阐述与解读,并未进行更深层次论述,首先是由于篇幅字数的限制,其次是由于如果过于大量地在文章中加进心理学视角的相关理论,那么不少剖析过程便会构筑于心理科学范畴之中,必然会约束本书就景观设计研讨的纵深度水平。

景观审美属于个体所具备的能力,就相异的个体来说,也具备着个体差异性,抑或是能力水平的高低差异。这一类型的区别并非决策个体所具备的审美水平的单一化原因,这是由于审美活动内部,源于后天的关联性因素,同样能够施展相当程度的价值。和个体就景观的审美体验存在关联性的后天属性元素是大量的,下文中,将会进行选择性的举例。

一、教育

教育等方面的元素,个体在景观审美过程中能够起到的价值是鲜明的。比方说上文中所谈过的,景观"如诗如画"的审美体验,若是个体并不存在任何的文艺经验,必然无法衍生出这一类型的情感体验。相反,能够衍生出这一类型的情感体验的个体,当然在诗画角度均具备一定的素养和经验。

教育就个体、环境景观的审美作用,在部分情况下,是通过潜移默化的形式得以呈现的。把景观艺术内部存在的"废墟美"当作例子,17世纪克劳德·洛兰的风景画,就建筑废墟进行了一定的展示,18世纪,英国园林设计工作中,通过人工的手段,设计出部分仿古建筑残留遗迹的构造,这一类型的废墟美,其起源为西方十八世纪艺术美学理论,就残缺美所进行的广泛膜拜与认同。

在对古罗马遗迹等残迹的广泛性研讨中,《米洛斯的维纳斯》属于一个鲜明的实例,深入了这种就残迹所展开的审美理念,目前,已演变为西方国家景观审美活动内部的传统模式理念中的一员。

1987年出版的 The Poetics of Gardens 一书中有如下一段话(译):"在约克郡,中世纪的喷泉修道院留下的残壁立在18世纪林木中间,历史上两个完全不同的时刻不可预料地并置一处,见者无不心动。"

就中国人而言,存在艺术理论等方面教育背景的个体,多数能够理解这一类型的废墟美,没有这方面教育背景的国人而言,这一类型的残缺美,同我国传统模式下所探求的完满性的审美特质属性,呈现出一种相悖的状态。

我国传统文化内部,就"圆满"的探索,令国内普遍存在着一种残缺,弥补残缺的观念,残迹或是得以再次构建,或是被清除,而圆明园属于一个独特的例子,这些年来,始终存在着对其进行重建的观点。

将这两类相异的景观审美理念比较判断,是不存在任何价值的。然而,就某一类型的角度而言,这同教育背景,以及传统文化所带来的影响性作用,存在着相当程度的关联。

另外,大众在谈到秋天时,往往会联想到萧瑟的秋风等场景,继而衍生出悲凉之感,很明显,这同大众的教育背景存在着一定程度的联系,与艺术界之中广泛存在的"悲秋"等主题的作品存在着相当程度的一定。

讲到此处,就算是不谈秋天的丰收景色,仅需要回顾个体的内在心路经历,便能够意识到,在个体处于积极的心态之时,秋色并不会有碍于这种愉悦情绪,但是,在个体处于消极心态的时候,秋色往往容易深化这种感伤性的情绪,令个体陷入悲伤之中,这和个体的教育背景存在着一定的联系。

教育代表的,不单纯为学校教育,也表示着和个体间的影响等多类型的求知活动以及最终的成效。教育就个体的景观审美活动所起到的价值,是其给予了个体以多样化的审美渠道,也为概括景观美等方面的活动带来了相应的实践渠道,这部分元素,就景观设计而言,均能够起到一定程度的价值。

二、传统习惯

个体就环境景观所展开的认知进程和人类艺术史等方面内容的前进历程,同样具备着相应的衍变痕迹,这一类型的衍变活动,融合成社会属性下的审美取向影响存在一定联系性的传统习惯。

前面曾引用了阿恩海姆的一段话:"一座教堂或一座宫殿,如果位于一座山顶上,或是在到达它之前有一段极为别致的景色的铺衬;或是在它前方的各条林荫大道的星状交叉点上矗立着一座凯旋门等等,这对它们的识别或确定就非常有帮助。相反,如果一座传统的教堂被包围在纽约市的摩天大楼之间,这种环境对它非但无助,反而会'嘲弄'它,把它反衬得更加渺小和可怜……"

这恰恰属于受到社会审美取向以及传统惯性影响,衍生出的一种审美阐释。阿恩海姆的言论,在我国大众之中同样可以产生一定程度的共鸣。这部分言论并非纯粹希望明确教堂抑或是宫殿应当具备的选址环境层次,尽管于西方的文化背景下,教堂、宫殿往往构筑在空阔场地内部的高处位置,恰似于我国的寺庙建筑往往在山中修建。事实上,不管是西方国家,抑或是我国,寺庙(教堂)和宫殿构筑于传统城市建筑群内部的情况同样并不少见。

事实上,阿恩海姆希望表达的,是传统建筑构筑在都市的繁华建筑群中,会使大众存在一种审美角度的不协调感,类似于国内的年代性建筑置身于现代建筑构造的环境内部,容易导致大众的审美不适。

可以这样讲,大众认为,传统建筑的构筑地在山上、在开阔的区域,抑或是在传统建筑群内部,属于契合于传统习惯的,是协调的。然而,如果传统建筑置身于现代化建筑群内部,则会导致传统习惯被破坏,引起观看者的审美不适。

传统习惯在部分情况下具备着不容小觑的势力,希望对其进行变动和优化,绝对不是一蹴而就,抑或是凭借小部分群体的作用便可以实现的,然而,其也并非不发生改变。

较为经典的事例是在法国,1977 年建筑师 R·皮亚诺和 R·罗杰斯于巴黎设计出"蓬皮杜艺术中心",在此建筑刚刚被建设完毕的初期,一度受到了大量的反对声音,由于它的"高技派"的外观,很明显同附近的建筑群,也就是同传统模式下的审美理念存在着相悖感。

在当下,这样的局面得到了很大程度的改变,尽管依旧存在着部分反对的观点,然而,蓬皮杜艺术中心已经得到了社会大众的普遍认同,还和埃菲尔铁搭共同被当作巴黎市内部的代表景观中的一员。

极其有趣的一点是,埃菲尔铁塔的竣工之初和蓬皮杜艺术中心的处境相类似,同样存在着较为普遍的反对观点,后来才慢慢为社会所认同,在当下,已然演变为巴黎的标志。

还有一个典型的例子,法国卢浮宫的改造工作,建筑大师贝聿铭的设计规划公开的时候,社会上呈现出一片不满,不可否认的是,在卢浮宫一类的传统建筑中,构筑出玻璃与钢架的构造,的确并不契合于传统模式下的审美习惯。然而,在项目完工之后,很短的时间之内,便为社会大众所认同了。但还存在着部分与之相反的事例,比方说南京莫愁湖中的莫愁女雕塑,直到当下,依旧存在非议。

传统习惯的变化与发展,属于相对庞杂而广博的课题,从综合性的整体来说,大众于景观审美活动内部,尽管被传统习惯所影响,被社会审美取向所限制,然而,并不存在不发生审美取向改变的个体,个体既沿袭传统习惯的道路,也不断地进行新鲜的探索与改变。二者之间,有改变的程度恰当以及均衡的问题。相同的道理,于景观设计工作内部,变动与新鲜感,同样应当把最大限度地考量传统习惯,当作前提性的内容。

三、民族、地域所具备的文化背景

因为相异的社会制度等方面的作用,对景观艺术以及设计工作来说,相异民族、相异地域的大众,存在着相异的审美趣味,就算是相同的景观,相异民族、相异地域的大众,同样能够衍生出相异的情感体验。

这一类型由于民族、地域的差异性,导致观赏景观的过程衍生出的相异情感体验,在古代已经存在。比如,中世纪的欧洲和相同历史阶段内的中国,大众就自然景观所衍生出的审美体验便存在着相当鲜明的差异性。我国的作家最青睐的审美客体,同样也是他们寄托情感的一种载体。相同时期,欧洲的僧侣、教士、农人等而言,自然风光往往被当作魔鬼的化身等等,对其相当避讳。

在相异民族、相异地域的大众之间文化沟通日趋发展成熟的当下,民族以及地域方面所衍生出的文化背景,依旧就大众的景观审美活动存在着相当程度的影响。匮乏于就部分民族、地域存在的文化背景的认知,能够弱化大众就部分景观的内在审美体验。

相反,具备相应水平的认知,便能够增强大众就景观所衍生出的审美感受。比方说,通过177个岛屿进行集中构筑出的水城威尼斯,存在着一个面积极其狭小的岛屿,其整体性的形状为不规则的五边形,边长小于百米,五个侧面皆临水,为城壕状的运河所包围。运河畔存在着大片的建筑群,类似于坚固的城墙,阻断了岛屿内外的环境。

岛屿之中,部分楼房有七八层高,建筑立面在窗户之外,并不存在其他的装饰物,这两种特质属性,在水城威尼斯之中是相当罕有的。由于威尼斯存在水陆双层交通系统,运河水巷属于"阳关大道",全部的建筑在临水一面均做到了建设精美,往往充盈着文艺复兴等类型的精美装饰,正门同样面对着运河,陆地之中,街巷仅同装饰素朴的后门小院连接。

除此之外,威尼斯的建筑之中,高度高于三层的较为罕见,乍现外观似乎满是高层建筑的小岛(事实上,岛屿之中,外圈的高层建筑在内部围住了一片开阔的区域,威尼斯当地大众把它叫作Campo广场,中心位置存在着一个在威尼斯普遍可见的水井),显得极其不协调一般而言,观光客所看到的景色无非如此。

在部分情况下,民族以及地域所衍生出的文化背景,就大众游览部分景色,却未必衍生出过于重要的作用。就算是个体并未认知西方国家部分狂欢节背后的历史性宗教背景。然而,在狂欢节的节日氛围之下,这名观光客依旧能够轻松地融入节日环境中,为当地的风貌所吸引。

比如观光客也许并未认知到我国的端午节和屈原之间存在的关联性,然而,食用粽子等风俗依旧能够使他融入节日氛围之中。因此,民族、地域所衍生出的文化背景,通常于两种角度之中,作用于大众的景观审美活动。

首先,民族、地域所衍生出的文化背景,属于地域民族内部的整体性审美取向等内容的积累,它扎根并发展在地域、民族内部大众的认知之中,同时,直接性地作用于大众的审美取向。比如,日本大众所青睐的"利休色"和其国家自然风光之中普遍可见的柔和等元素产生了一定程度的契合性,同时也契合于其民族素朴美学的禅学要求,因此,广为日本大众所青睐。

其次,民族、地域所衍生出的文化背景,就景观审美产生作用的又一个角度,即为能够增强大众就景观所产生的审美感受,令大众和景色之间,衍生出不局限于心理层面,同时也存在着情感层面,甚至是思维层面的共鸣性属性,这一类型的共鸣属性,在部分情况下能够不再令个体就景观衍生出局限在审美心理层面之中的体验,往往能够令个体在潜移默化的作用下,衍生出部分思考,令大众增强对于景观艺术和设计方面的认知。

四、其他

个体就景观进行的审美活动,往往不局限于上文所述的传统沿袭习惯等方面的内容,同时也同个体的生命经历等方面的元素存在着一定的联系。比如个人经历方面的元素,内陆区域的居民往往会衍生出一种对于海洋的憧憬,在置身于海洋环境的时候,内心感到十分激动而震撼。城市区域内部的居民,往往更加向往高山的自然风光。

因为个体间普遍存在的差异性,上述的这部分同景观审美、景观艺术存在联系性的具体元素,将其进行完整而系统的阐述,实在是相当困难的。

第三节　景观内部的动态特征因素剖析解读

大众普遍运用"景色如画"这一描述手段,渲染景色所具备的美感。前文我们谈到过景观设计工作和绘画之间存在着相当厚重的历史性渊源。法国贵族吉拉丹提出过这样的观点,只要是不可以入画的园林以及建筑,便是不值得注意和谈论的。

我国明代造国家计成,同样存在着自身造园依"荆关笔意"的言论。一种较为广泛的共识为:好像景观设计工作是通过绘画的方式展开构思活动。对于景观所进行的欣赏行为,事实上属于"由实物所构成的画面"的欣赏行为。

尽管在18世纪,英国造园家、改良者朗赛洛特·布朗的学生赖普敦便曾经提出,画和园不可以被视为不存在差异性,因为视野等方面元素的区别,景观和静态的画作存在着实质角度的差异性。

然而,其大概并未做到清楚的了解,景观艺术和设计工作是可以令大众产生置身于此的、直接性地触动个体生理、心理的灵动性艺术手段,其所具备的动态属性,以及由于动态属性而得以衍生的个体和景观彼此间的交互属性,属于景观艺术和设计工作可以和绘画等类型的艺术手段产生差异的基础性特质属性之一。

景观设计属于一种具备动态属性的实体属性下的艺术形式,它的动态属性元素,不仅涵盖着景观设计的基础性元素。也就是水体等类型的内容,同时还涵盖着其余的"后置性"部分,也就是声音等类型的元素,其中,还存在着观光者——人所具备的行为活动等方面的元素。

景观设计并非单纯凭借色彩等类型的艺术形式美的基础性原则,就自然要素以及人造物进行瞬间性构置,其应当为就物体、人类等元素进行整体性的掌控以及梳理整合工作,也就是在动态进程中探索某一类型的稳固性的图像,带来赏景的可能。

在景观艺术和设计工作中,水体等绝大部分的构成元素,均具备着一定程度的动态属性特质,就景观艺术和设计工作的特质化属性衍生而言,具备着一定的价值,是一种不可或缺的存在。

一、线条、质地以及形体进行组合

英国诗人布莱克认为:"艺术与生命的基本法则是弹性的线条愈是独特、鲜明、坚韧,艺术品就愈是完美,否则作品就会显得缺乏想象、拾人牙慧、粗制滥造。"

线条象征了动态化的生命感。在物体边线的几何秩序不再清晰,在景观艺术和设计工作中,是一种相当普遍的存在,通过多样化的线条进行取替,则物体边线具备饱满的动态感,它所刻画成型的块面组合,一定能够使观赏人员衍生出某一类型的运动幻感。

在绘画界中,被叫作"塞尚—波轮森方法"提出:欣赏者在观看绘画作品的过程中衍生出相关经验,不仅应当被归结为视觉,同时也能够被归结为触觉(在部分情况下,这种状况尤为明显)。

群山的阴影等类似的物质,它们所具备的外观线条是不确定的,彼此相对映射,产生一定的对比,构筑出属于自身的各异外观,同时拥有着相异属性的表层次质地,一些婀娜多姿,一些朴实厚重,一些若影如幻。

我国古代作家称之为"透、漏、瘦、皱、活"的太湖石,这些特质化属性之中,"透、漏、瘦、皱"属于其外观特质,以及表层次的质地属性,"活"代表的是动态属性,象征着太湖石内部所具备的灵性,以及其所具备的美感。

欣赏景色的过程中,视野范畴内部,物体边线的丰富改变,多样化质地之间的比衬,多样化形体得到了切割等类型的作用,尽管赏景者能够清楚地了解到外部景色的构成,却无法轻松地了解它的内在具体精准形式,赏景者的视野所及,由单独性的客体至整体性的视觉印象,继而返回到单独性客体的重复性循环内部,景观所具备的独到魅力,恰恰源自这一类型的通过线条、质地以及形体的组合,给予个体的动态属性下的活力内部。

二、空间、视点、透视

具备一致的,抑或是相异线条、质地的多样化物体通过进行围合等方面的活动,衍生出空间的存在,给予大众一种空间感。较为广泛的共识是,我国古典园林的主体性设计方式,为带领观赏者抵达某个指定区域,进行某类型的预先设定的美景的观赏。

这一类型的认知存在着相应的道理依据,这一类型的认知也同时淡化了这一类型的设计手法怎样对观景者进行引领的矛盾。引领的成效是相当关键的,而引领活动的进程同样无法被淡化,引领观景者抵达预先设定的景致进程,其中恰恰运用了个体所具备的空间感体验。

空间感的衍生,同个体就环境所存在的视点等元素存在着相当密切的联系。在部分具备纪念性价值的建筑景观之外,能够观察到,对于物体的不同角度来说,单调化的,和观景者位于相同水平面之中的止视面,一般属于较为匮乏动态属性的特质,以及相应的空间感体验,这时物体和其某个单一角度的外观发生了重叠。

但是,在透视角度进行改变的状况中,比方说目光掠过等,景观所具备的外在形式,以及空间感会区别于视觉客体原本所呈现出的形式,平面感被立体感所取代,由此衍生出空间感。

当景物由大众置身地产生位移的印象内部,纵深形式下的空间感,具备着相当程度的价值,也就是统一属性的画面内部所具备的层次感。凸显的层次感能够令景观更具独到魅力,这一类型的景物外在轮廓的改变越是能够为观景者所注意,出乎观景者的预判,便越是令其衍生出一种观景兴趣,也是可以就个体实现引领性的价值。此恰为"山无曲折不致灵、室无高下不致情"(清·乾隆帝《塔山四面记》)。

因此,就算是在部分强调对称性作用、凸显主体性的景观。建筑构造正立面的设计工作,比方说部分具备纪念价值的建筑景观构造等等,以实现这一类型的空间衍变性以及视点之中的运动所需,优化场地地坪所具备的升降性,规置出水景等等,便演变为普遍运用的设计工作方式。

除此之外,多点透视的选用,同样存在着必需性,我国传统画论之中提到的"石分三面、树分四枝"的说法,与多点透视的理论一致。

在景观设计工作内部,多样化形体组配的具体方式,北宋郭熙在《林泉高致》中提出"山有三远,自山下仰山巅谓之高远,自山前而窥山后谓之深远,自近山而望远山谓之平远……高远之势突兀,深远之意重叠,平远之意冲融而缥缥缈缈"。

我国传统模式下的山水画,这一类型的"三远法"往往在画作中进行交融性运用,勾勒出一种多样化、动态属性下的空间感。"三远法"这一类型的动态属性下,就景物展开具体观察的手段,十分契合于大众观景过程中的生理以及内在心理活动的状态,由多点透视,衍变成相应的散点透视,景观所具备的外在形象在动态作用下,方可具备更深层次的美感。

三、动态的"人"的因素

景观属于通过人进行设计以及构筑的产物。景观设计工作所具备的艺术性目标,在于实现个体的审美以及生命化体验。景观并非通过简单的实物叠砌而构筑成型的图画式艺术表现,也并非脱节于大众而独立存在的事物,其属于由生理体验至内在心理活动,由感知行为至享受行为直接性地影响个体,并且能够不似绘画一般,就个体衍生出由外至内的体验活动,景观和个体间存在的联系,往往直接性地关联到个体的本性方面的元素,同时针对性地指向个体内在心理的整体体验。所以,"身临其境,人在景中"属于景观艺术和设计工作的另一个主体性特质属性。

作为景观内部动态属性元素的"人",是通过个体的行进等类型的活动手段,通过个体所拥有的多样化感觉能力,进行景物的体验,就算是在它运用视觉官能的时候,同样并非仅局限于一种审美角度下的单纯性观望,而是具备远眺、近望等等多样化的观察手段。

景观内部,大众的身份并非局限于观景者,多数情况下,能够演变为动态属性下的景观构成。喧嚣的商业街等处,人属于必需性的景观一员,在自然景区开展观赏活动的时候,实际的游客数量,就景色的综合性气氛能够起到相当程度的作用。

"人"属于不具备切实固定性的、动态化的景观构成,在景观这个"剧目"中,兼任着"演员"以及"观众"这两大类型的任务,作为其自身而言他属于观众。较于另外的游客而言,便会演变为景观中的一员,也就是演员。在部分景观内部,不单单是人,人所具备的大量依附事物同样往往会演变为景观的一员,比方说饰品,等等。

在当今社会科学不断进步的同时,个体景观内部的动态化特质属性、个体就景观所产生出的动态化体验同样衍生出了部分崭新的改变,科技的发展和物质水平的上升,令社会大众能够摆脱过往岁月中,仅可以通过双腿抑或是船舶进行移动,被约束在固定化的方式之中。

当下,车辆奔驰的过程中,天上、水中、电子化作用下合成性图片、影像内部,社会大众就景观的观赏视角等种种方面的元素,又产生出崭新的改变以及延伸。

四、景观内部的生长性元素

这里所说的景观生长性元素,代表的是由于外在环境的改变,得以衍生出一类景观动态化特质属性。

第一,景观在部分情况下,类似于被挪移种植在某个既定区域内部的树,这棵树必须存在着契合附近环境,为附近环境所接受的过程,也就是一种所谓的融合过程。

就景观来说,这样的具体过程往往关联生态等角度的元素,同样为社会风尚等多角度的元素所影响。

第二,景观在部分情况下,类似于树木需要产生萌芽、发育等多元化的存在时期,也就是景观的生长活动。于景观生长活动的相异时期内,其均能够给予大众相异的审美体验,比方说景观初设的过程中,所呈现出的新奇感受,景观为大众所熟悉后,所呈现出的标志化属性,在时间慢慢推进的过程中,景观演变为文化历史的载体,由此具备的历史感,景观在最终发生残缺破败后,往往会衍生出一种废墟美。

第三,景观也能够如同树木一般,为环境内部的大量外界元素所作用,比方说光线等等。然而区别于树木,在景观艺术和设计工作中,这部分外在元素必然化地演变为构成景观的,不可或缺的一员。比如人流的密集与疏散等方面的元素,能够令景观演变出不可计数的变动性组配,满溢着动态化的生命感。

五、心动

"一树一峰人画意、几弯几曲远尘心"。景观艺术和设计并非单纯是通过部分形式美的相关原则,抑或是个体环境所产生的内在心理体验特质,刻画出普遍意义上的景观美感,从而触动赏景者的内心。也就是使得赏景者仅停留在审美心理学的感知水平。相应的,其更加深刻而立体,景观能够触发赏景者的内在深层思想,令大众产生一种心动感,同时和景观衍生出某一类型的共鸣。

景观艺术与设计正如英国批评家佛莱所说的:"艺术旨在揭开各种生活情感在心灵上打下的烙印,而不是唤起实际的经验,从而使我们在没有经验局限和特定导向的情况下产生一种情感共鸣"。

在景观艺术和设计工作中,象征和抽象属于普遍运用于达成这一类型的情感共鸣:心动的具体方式。以水代河等等,均属于景观艺术以及设计工作内部普遍运用的关键性展示手段。于人工打造的景色,以及自然环境景致内部,设计工作人员往往考量个体的投射心理特质属性,从而进行以物造型、由形定义,比方说,通过古老传说中的经典形象,赋予景观以相应的观感体验,使其获得相应的深层次寓意,深入景观的文化属性等方面的内容,实效性地发掘大众的联想可能。

英式庭院内部,往往会构筑出仿古建筑残迹的构造,我国古典园林内部,一般运用对联等手段,融进诗意、人迹以及史迹,令观赏者衍生出一种忆古思今的联想,同时挖掘其对于历史等方面内容的深刻体会。

景观艺术和设计工作内部的象征技法往往应当涵盖难度较轻的猜测。若是认为景观艺术和设计在某种角度中,是出自自然景色的凝炼,那么抽象手法往往属于一种不可或缺的存在。在我国传统模式下,造园工作中的"叠石之法"最为青睐太湖石,事实上,即为山形变化提炼的抽象属性符号。

日本京都的大德寺,庭院之中铺满了白色砂砾,同时以耙纹作波,通过砂这一材质,进行水波的模拟,同时还属于将水迹进行抽象化处理。跨越过事物外部表现的单纯性物理反应,深入体会事物所具备的本质属性,属于在景观艺术和设计工作内部,采取抽象方式刻画出景观心动感的基础性内容。

在景观艺术以及设计工作中,抽象、象征等类型手法的具体使用,在形神之间、动态化与永恒不变之间、个体的感性认知以及理性认知之间,能够进行过渡的距离感以及相应的平衡态内部,令观景者于体会美感的外显姿态之余,也能够衍生出景观所独具的心动感受,以及施展无垠想象的意境。

上文中所述的可以展示景观艺术和设计工作动态化特质属性的几层角度,在景观的构筑活动中,往往彼此依存,同时具备自身的独特属性,协同衍生出景观所具备的动态化属性,同时就多样化景观设计方式的使用,能够实现某一类型的指导意义。

在真实的设计活动中,应当尤为关注,景观艺术和设计工作,并非越繁杂古怪越为上乘之作,也并非必须运用全部的手段。就相异类型的景观设计工作,应当做到有的放矢,保持稳定的和谐型是相当关键的。

清代画家盛大士所言的"画有四难":"笔少画多;境显意深;险不入怪,平不类弱;经营惨淡,结构自然",这样的观点,就景观艺术和设计工作也具备着相当关键的指导性作用。

第四节 景观设计的功能性特质属性

景观的衍生目的,在于实现大众的实际使用所需,景观设计工作既同艺术存在着相当密切的联系。同时,景观的具体设计以及构筑工作,也应当存在科技化的引领支撑作用。因此,大众往往认为景观设计属于科技和艺术进行交融,从而衍生出现的专门性学科。

尽管景观艺术和设计工作,在相异区域、民族以及社会发展的不同时期,存在着相当多元化的外显姿态,然而,"满足人的使用、艺术性、技术性"这三大点,一直以来均为构筑景观的基础性元素。

公元前1世纪,罗马建筑师维特鲁威提出,"实用、坚固、美观"属于建筑在构造过程中的三个主体性要素,他的基本思想也能够运用在景观艺术和设计工作中。不可否认的是,当大众就艺术、科技展开了日益深刻的认知,这三大要素在当今时代背景下,进行了部分的充实以及改变。

其中,"美观"这一要素(抑或是叫作"景观的艺术性")在本书其他章节有详细的阐述,因此这一部分仅概括性地提及,同时,"实用、坚固"和它们所象征的"技术性、满足个体的使用所需",均能够被归纳成景观艺术和设计工作所具备的功能性特质属性,以及物质技术层面这两大角度之中,详细剖析如下。

一、景观的实际效能（实现个体的实际使用所需）

相异的景观，抑或是同一个景观，能够存在多样化的设计目标以及具体使用所需，比如，对于城市广场所进行的景观设计，以及构筑工作，能够存在多元化的设计目标，如娱乐休闲、集会等类型。

又或者是针对街区所进行的景观设计工作，商业属性、住宅属性等等类型的相异设计目标，也许能够衍生出风格各异的景观呈现姿态。多样化种类的景观，均应当符合以下所列的基础性功能的需要。

(一)人体活动尺度的实际所需

个体于景观构筑组合、心理影响等等元素衍生出空间活动，人类的多样化静态、动态活动尺度，在景观所在的位置以及空间之间，存在着相当紧密的关联。

以实现大众在使用过程中的安全性以及舒适度为目的，首先应熟稔人体一般的活动尺度，以及部分特殊人群（比方说幼儿等等）相应的具体活动尺度。比方说契合于人体进行步行等类型的活动过程中的实际尺度所需，以及个体于赏景过程中，视野等等方面的实际生理尺度等。

(二)大众的实际生理所需

就景观来说，大体涵盖个体于景观内部温湿度等元素的基础性所需，其均属于实现大众日常行为的必须性元素。

(三)大众的实际行为特点所需

处于多样化景观内部的大众，他们的行为模式往往存在着相应的特质化属性以及内在规律，比方说人流的前进和驻足等等，往往依循着相应的秩序，抑或是线路展开的。优质的景观设计应当最大限度地考量大众的活动特质等种种方面的元素，唯有如此方可以科学化、可行化地实现大众的实际行为特点所需。

(四)环境保护和大众的持续生存、发展所需

景观的设计以及构筑工作，往往关联着自然生态环境内部的多样化元素，部分情况下，不可规避地关联着植被改变的可能。在这样的局面下，强调环境保护，尽最大的可能削减耗损自然资源的情况，属于亟须解决的的任务。

景观设计工作，不仅应当实现大众的生产生活实际所需，也应当重视环境保

护以及与之相呼应的可持续发展工作,这在目前的社会环境中,是相当关键的。

二、物质技术条件

在景观艺术和设计工作中,物质技术条件大体上为关联到景观通过何种材料构筑,以及如何进行构筑的问题。其具体涵盖景观设计和构筑工作,关联具体施工技术等等方面的问题。

(一)结构

在景观艺术以及设计工作中,往往涵盖部分通过人工的形式构造的产物,比方说雕塑等。这里所说的"结构",代表的是这部分通过人工构造的产物骨架。

结构为人工构造产物带来了契合其使用所需的形象等元素,也容纳着其所带来的整体性荷载,实效性地抵御着因为地震等原因而导致的人工构造产物损坏。

结构是否能够做到稳定而坚固,直接影响着景观内部存在的人工构造产物的使用安全以及使用寿命。这部分人工构造产物具备着多样化的结构种类,仅针对景观内部普遍可见的建筑物结构类型来说,便存在着梁板等多样化的种类。

(二)材料

景观内部所运用到的材料大体涵盖植物等类型,此处所提到的材料,代表着景观内部人工构造产物运用的具体材料(比如绿植等能够构筑出整体性景观的具体材料,下文中有详细阐述)。

在景观内部,材料的运用工作就人工构造产物的实际结构而言,能够起到关键的作用,新材料的实际运用工作直接性地促进了人工构造产物结构的持续性发展。同时,材料就景观内部人工构造产物所进行的装修等类型的工作同样关键,比方说,玻璃材料的衍生,使得其采光、外观均获得了崭新的发展。

景观内部进行运用的材料,大体分为天然以及非天然两种类型,其分别涵盖着大量的相异类型,以实现物尽其用为目的,首当其冲地是应当认知景观就材料提出的具体所需,以及多样化材料所具备的实际特质属性。

在景观艺术和设计工作中,就材料的特质属性而言,应当大体熟稔下述几点,即:强度(于多样化的力的作用条件之下)、防潮(于干湿度发生改变的情况之下)、胀缩(于温度发生改变的情况之下),等等。

从这里我们不难发现,自重相对较轻。所具备的实际性能相对完善等方面的条件,属于大众就景观材料所提出的理想化所需。对于任意一种材料进行利用的过程中,均应当秉持着就近取材的原则,尽可能地削弱就自然资源所发生的破坏,不可以淡化材料所具备的经济属性、环保属性。

(三)施工

在景观艺术以及设计工作中,人工构造产物属于由施工的手段,将设计衍变成客观现实存在的。施工通常涵盖两大角度的内容:施工技术,即施工机械等方面的内容;施工组织,即施工进度规制等方面的内容。

景观艺术和设计工作内部,全部的构思以及预设,均应当经施工行为,方可衍变成客观实际存在,所有的设计,均应当接受施工活动所带来的考验。

景观设计方面的工作人员不仅需要在设计工作内部,翔实地考量景观构筑工作的科学性、合理性,以及具体翔实的施工方案,也应当频繁地走进工地,深入掌握施工过程的具体情况,配合施工方,协同处理施工活动,也许会衍生出的一切矛盾。

景观艺术以及设计工作内部所具备的功能性特质属性,关联着科学和技术的多元化角度,同时在社会科技不断进步的同时,景观的大量功能性特质属性变得更加充实而深入。然而,希望契合于"个体的使用、艺术性、技术性"这三大类型的基础性要素,景观设计工作应当更加重视舒适性等方面的具体原则,景观的具体使用材料等种种角度,就景观艺术以及设计工作的整体性进程以及实现效果,均能够起到关键性的作用。

第三章
景观形态的设计思维

第一节　形态的思维建构

本书始终强调论题的基础性角度：首先为设计客体展开的认知活动，其次为设计的来源。

这里，我们将关注点挪移至思考行为，也就是思维是怎样进行活动，认知设计方面的相关问题，并且列出具象化的处理手段。设计师一方面不会如同哲学家一般，展开无边无垠的思考，从而导致思考活动演变为研究客体。另一方面，也不会如同罗丹的作品"思想者"，陷入一种无人之境似的艰难求索。

由本质而言，设计思维代表着部分物质属性下的最终产品，其应当和设计以及建造工作产生一定程度的关联。

依循常规模式下的认知，景观形态设计工作关联思维手段，具体涵盖逻辑思维（推理等多样化的逻辑手段）以及形象思维（通过经验等元素，直接化地进行感觉信息的处理）两大类型，并与将逻辑思维当作主体性内容的工程设计工作、将形象思维当作主体性内容到艺术创作工作区分开来。然而，思维若是像这样片面性展开划分工作，便能够对全部的矛盾进行阐述与解读，很长时间以来，关于设计构思矛盾，在建筑等类型的行业内部的讨论中，变会成为一种没有存在价值的争论。

一、形态设计思维的概述

思维属于将表象以及概念当作基础性的内容，开展剖析等类型的认知行为的具体进程。思维往往通过思维的主体、客体、工具以及协调四大角度构筑而成。其中，思的主体，也就是人，思维的客体，代表思维的对象，思维工具通过概念以及形象这两大方面整合而成，抑或是把它叫作思维材料。思维协调代表的是于思维活动内部，多样化思维手段的组合构筑。

人所具备的个体思维,从萌芽状态直至完善状态,走过了一段相当长的路,一般而言,具体涵盖着言语前思维等五大阶段。思维发展过程中所经历的不同阶段,属于一种由简入繁,以及呈螺旋状的不断上升等方面的过程。(表3—1)

表3—1　思维活动的具体发展进程及主体性的特点

思维活动的不同阶段	思维所具备的主要特点
言语前思维	了解事物彼此间存在的简单联系,进行相应的动作反应,思维处于萌芽状态之中。
直觉行动思维	经由直接性地对实物产生感知,在实际动作活动内部进行思维活动。
具体形象思维	人类开展思维活动的支撑性内容为表象,辅以表象,进行联想以及想象行为,脑海内部沉淀的表象越是多样化、灵动化,那么想象和思维活动便越是活跃。突出性的主要特点为具体性以及形象性。
形式逻辑思维	个体开展思维行为的支撑性内容为概念,经由剖析等类型的思维活动得到相应的概念。辅以概念,就概念与概念彼此存在的关联性开展具备逻辑化的判断和推理。特质属性为反映客观现实较为稳定的一面。
辩证逻辑思维	思维行为的支撑性内容为辩证概念。个体辅以辩证概念的支撑性作用,依据辩证逻辑思维的内在发展规律进行思维行为。特质属性为反映客观现实的持续性衍变的角度。

不难发现,思维的进程于主体持续性地进行优化自身的行为后,思维活动的纵深水平均得到了深化,同时由思维的多类型运作,思维同样能够愈发精繁并且具备系统性。就设计工作人员来说,具有关键的作用。

就项目进行的掌控,尺度规模较小的景观设计,因为关联实际所需等方面的内容难度较低,它的设计思维更偏向于低难度类型。另外,就部分精繁的大规模工程,以及尺度偏向中、大化的景观设计工作而言,设计思维应当拥有与之相呼应的精繁度,也应当具备较为活跃的应变等类型的智能化功能。

就具备创造性的设计工作而言,思维方可以从本质上实现超越具体的方法,使得设计获得独到的创造发展道路。

在工作人员实际开展设计工作时,所选取的构思以及相应的具体方法,均能够寻求到与其呼应的具体思维种类,这样的思维种类也许具备常规性,也许具备有悖于常规的特殊性,也就是一般所说的正向思维以及逆向思维。

常规模式下的设计思维存在着多样化的区分方式,这其中,理性以及感性等等类型,属于最为普遍的划分手段。思维不仅涵盖着其详实的具象化内容,还存在着相应的组构方式,以及具体结构(表3—2)。

表3—2　思维的类型

分析角度	思维类型
表述性的角度出发	形象属性下的思维方式、逻辑属性下的思维方式
哲学性的角度出发	具体化的思维方式、抽象化的思维方式
认识性的角度出发	抽象化的思维方式、形象属性下思维方式、知觉性的思维、灵感属性思维方式
主动性、创造性的角度出发	习惯性的思维方式、创造性的思维方式
常理性的角度出发	正常化思维方式、反常化思维方式
进程性的角度出发	循常性的思维方式、顿发性的思维方式
方位性的角度出发	纵向属性下的思维方式、横向属性下的思维方式
目标性的角度出发	发散属性下的思维方式、收敛属性下的思维方式
过程性的角度出发	显性思维方式、潜性思维方式
维度性的角度出发	单向化的思维方式、多向化的思维方式
变化性的角度出发	动态化的思维方式、静态化的思维方式
数量性的角度出发	个体化的思维方式、群体化的思维方式

这里,能够对比出建筑设计思维,以及艺术创作思维之间存在的差异性,建筑设计工作之中,设计活动属于被思维行为,起到支配性的作用。设计的起初阶段,设计师便应当多样化的,联系于设计活动的元素,比方说具体的空间实际所需要的元素,进行细化性地考察,探索出这之中存在的彼此关联,和其自身就设计工作所具备的规定性。继而运用相应的措施方式,通过设计语汇,把这部分多样化的元素进行梳理整合性的表述,令它们变成一个具备统一化属性的有机性整体。

这一类型的思维活动,具备着一定程度的逻辑性,能够被提炼成由部分至整体的具体活动,即为设计手段应当依从的特质化思维活动程序。在这一类型的思维活动程序中,部分以及整体之间存在的联系,体现部分属于整体的基础属性内容,依附在整体内部。整体属于部分经过发展、整合活动,得出的最终结果。

从手段角度来说,其属于凭借思维器官的广博性信息量以及经验理论,通过相应的构造,开展多样化信息沟通的思维手段。在设计工作中,具有相当程度的价值。就算在科技相当发达的当下,在电脑支持设计工作得到广泛性普及的前提条件下,同样不具备另外的方式可以对其进行取替。

艺术创作工作所采取的艺术思维,属于形象思维之中,是具有最高水准的一种层次,属于将艺术创作当作主体性目标的自觉形象思维。以具备意识行为的艺术观察为源点,历经虚构等流程,最终呈现出成品性的艺术表现,具备整体属性的艺术思维,所有的心理环节,均极其犀利地指向创作工作的终极目标,刻画艺术形象,衍生出艺术作品,并且秩序性地使其进行运作演化。

不管是前者抑或是后者,关于思维的灵活运用,均属于它的最终呈现,得以衍生的必经道路。而这条道路是否得到了正确的选取,以及路途是否平坦顺畅,均关联着形态的具体性质属性。在进行设计创作工作前,用部分精力就思维模式展开探索,是存在着相当程度的价值的。设计师得到的,并非一种事半功倍的优势性发展,相反的,也许会是一场彻底的改革。思维方为决定活动的本质性源头,并非是方法。

二、形态设计的思维模式

西方人更加关注逻辑以及理性等方面的具体思维,我国的大众则更为偏向抽象以及感性等方面的思维。如此这般的思维模式,衍生出西方国家大众所具备"重物"等类型的思维模式,以及我国大众"重情"等类型的思维模式。

我国文化广泛地为儒家思想、佛教思想所影响,这一类型的文化,具体展示为重视自身修养,探索内在世界的超凡脱俗等方面,把"仁"以及"孝"当作社会框架构成的关键性中心内容。

西方国家的文化,它的思想性基础起源,是文艺复兴时期兴起的人本主义思想,主体性的来源,为古希腊罗马文化,广为基督教思想所影响。这一类型的文化,偏向个体的自由以及所具备的权利,具备重视实践等多方面的特质元素,从物质角度出发,探索生命最初的源头,在社会组织内部,把"权利以及法制"当作社会框架构成的关键性内在核心。

由此点内容,能够较为直观地发现我国和西方国家各自存在的古典园林之中,存在着相当程度差异的具体原因,在中国大众对山水景色沉醉不已之时,西方国家的设计工作者已经把设计工作的重点延伸至更加广袤的范畴之中,同时致力于领地的开辟。

思维模式抑制影响着设计形态的出现,约束着形态外观的衍生,还有可能对于部分景观形态的实际外观进行规定性的约束。

(一)线性与跳跃

线性思维属于通过一般正常的思维模式展开秩序性发展的设计思维,往往属于一种经常性的思维活动。和其产生呼应的,即为跳跃思维,在线性思维迈向固态化的模式,同时有碍于创造性思维产生的时候,跳跃思维能够越过部分阶段,把思维带到一种崭新的机制内部。

绝大部分的设计,依旧在走线性思维模式的老路,使得两面性得以衍生:首先是设计依循线性思维模式,能够更为便捷地发展以及成型。其次是匮乏于创新的衍生。就目前景观形态呈现出一种平庸化局面所发起的批判活动,可能线性思维模式无法抽离于一种始作俑者的可能,然而,我们依旧期望于事物能够常态化运作的状态之中,发现对于创新形态的一系列研究以及思索。跳跃思维对于线性思维能够起到一定程度的补充作用,能够发起更具创新属性的想象。

(二)顺向以及逆向

逆向思维属于设计思维的一种创新性方式,属于就惯性状态下的顺向思维所展开的反向思维,同时其属于具备一定程度质疑性特质属性的思维,在工作者陷入思考迷雾的情况下,逆向于事物的结果等方面的元素展开思考,往往能够得到出乎意料的结果。

我们对于中国风的亭子构造习以为常,思维活动内部,亭子的外观是拥有柱子、顶盖等元素的,但是,当看到通过参数化的方式进行亭子构造的时候,通常会令我们惊讶不已。顺向思维可以辅以我们习得怎样进行设计,却同时又束缚着大家的思维模式;逆向思维属于具备批判意识的一种挑战性存在,如同一名战士,把既存事物彻底性地挪移到了反面。可能,这恰恰属于一种崭新衍生的机会所在。

(三)转换以及位移

常态化的思维,能够针对性质的改变而实现瓦解,即为不认同事物所具备的特质属性,仅存在着单调化的阐述,以及常态化的定义。思维的具体认知,展示出就事物所具备的属性展开自觉化转换的特质性。

位移思维属于跨越了自身的限制性,置身于客体的角度,进行问题的考量。我们可能会遭遇相异的消费者、相异的受众群体,这部分人群就问题所衍生出的多样化观点,演变为了关键性的设计凭照。

(四)发散以及整合

发散即为思维沿着相异的视角,以及目标进行扩散性的活动,其起源为美国心理学家吉尔福特在 1950 年进行的有关创造力的演讲活动。

发散的关键性价值,是可以发起更为多样化的处理方案以及构思,更为多样化的创意思路。而整合属于剖析以及对比,从中探寻出更为优质的处理途径。

发散思维展示出灵活性等方面的特质属性,我们能够在结构等多样化的角度中,进行发散思维活动。

(五)立体以及复合

立体以及复合的思维方式,属于纵横在综合性空间内部的思维方式。因为现实存在的客观事物,均属于具备有机性、统一性的整体化机制。所以,其具备多样化成分以及层级的特质属性。

立体以及复合思维方式的核心点在于,其明晰了思维客体后,主张思维主体应当由客观事物涵盖的多样化特质属性之中,进行综合性的研讨以及反馈,令事物构造内部的所有要素间,存在着繁杂的关系网,能够清楚明晰地呈现在大家的视野中。

立体以及复合的思维方式,融合了线性以及平面性思维的种种优质性属性,延伸了思维的具体活动领域。

(六)分析以及综合

设计活动呈现出分析、综合以及评价三大主体性时期,秉持着这一模式的专家学者普遍认为,从本质意义上具备理性以及客观性的设计手段,应当能够呈现出全部由零开始的基础性原则。既要摒弃掉既存的过往经验以及主观属性的种种因素,也应当使用相当严谨的分析、评价手段。

"分析以及综合"这一思维模式,展示出就理性以及客观属性的关注。在具备整体性属性的公众项目设计工作中,我们就形态所衍生出的具体态度,应当融合在分析以及综合的思维模式中,认同理性化的制衡约束作用,展示出客观实际所需,同时也应当做到把艺术属性以及创作属性顺应于理性角度下的分析以及综合工作。

(七)假设以及验证

个体发起一种崭新的思考,这样的思考源于何处,这属于心理学范畴内部的具体问题;怎样检验此崭新的思考,则被归结为逻辑学范畴内部。"假设以及验证"的思维模式,和"分析以及综合"的思维模式之间,存在的主体性差异,前者切实明晰了设计的内在本质即为提出具体的想法,然而其依旧并未同形态衍生出一定程度的联系。

依照现代认知心理学就人类思维活动展开的具体探索，能够把景观形态的衍生活动，当作就设计原材料展开的信息加工活动，同时以此为据，整合出形态衍生活动的具体模型，也就是形态的衍生活动，存在着建构、赋形以及具象化三大类型，并融合在整体性活动中，肩负着衔续转换性职责的假设以及验证的沟通体系。

第二节　理性建构思维

"思想为何物?"大批的先人为此问题的探索付出了大量的努力。柏拉图觉得，思想属于个体的天赋性能力。在物质化的人体中，思想是一种独立属性下的存在。个体所具备的感官功能，比方说触觉等，往往会对个体产生一定的欺骗性，唯有经由理性，我们方能得到事物展开的精准认知。理性，属于思想的本质性源头。

柏拉图认为，理性属于工具一类，其价值为辅以大众将感受以及经验进行融合，使之演变为大众就事物进行剖析梳理活动的时候，内在的具体素材，由此辅以大众认知所处的世界。

理性属于西方国家传统模式下哲学体系的关键性精神。其源头为古希腊哲学，直接性地生成在前苏格拉底哲学的"本原论"内部。

毕达哥拉斯认为，宇宙的本原是"数"，创新开拓了通过抽象属性的原则阐述感性化经验的理性道路。

理性思维所肩负的具体职责，即为客观事物的实质性认知，由理性的视角出发，构筑出具象化的景观形态的思维，即为具备客观以及事实的特质化属性。

就景观形态构筑所展开的探索，在现在的景观学科设计机制系统中，依旧处于一种较为薄弱的态势，具象化的构筑形态，不是一种临摹式的设计，即为僵态化的图解。在形态构思工作的初期阶段，采用理性属性下的思考手段，抑或是采用感性属性下的思考手段，并不存在一种相对较为规范精准的答案。

不能忽略的是，和大量的客观情况紧密联结，在较为普遍的情况下，通过理性属性下的思维手段展开设计思考工作，存在着必然属性。此处的论点之中，尝试由秩序等类型的支点为起源，把看起来像是具备感性属性的设计手段，融进理性属性的框架内部，研究景观形态所具备的实效性设计思路。

设计工作人员可以实现的，事实上没有单纯意义上的创造工作，而是其进行的所有行为,仅仅是选取某一类型的形态、融合组配几类形态、对比规置某几类形态,抑或瓦解再构的形态,依循形态具备的相应的内在规定属性,实现设计工作的统领性作用。

一、景观形态的"逻辑"建构

"逻辑"建构形态并非代表着形态应当契合逻辑,而属于探寻由逻辑推理为着眼点,采取契合于形态的具体手段。与形态构思手段内部,关注形象性思维、感性认知的主体性手段相异,逻辑建构形态属于束缚在前,发散性的行为在后,规范化制度在前,衍变转化在后。

(一)功能逻辑性的开始——形态契合于逻辑的最终推理成果

选取形态的具体依据,能够追溯到人类的起源阶段就工具外观的选取活动。在切凿方面,应当具备一定的棱角外观,等等。打造出的工具应当能够具备较为稳固的特质属性,因此,均匀稳定的外观,属于工具的一种不可或缺的必备性质。所以,由人力创造的工具外观,应满足实用性等方面的实际所需。

大众于景观设计工作内部,所观察到的最终外观呈现,并非源于独立属性下的外观意向,而应当属于功能的活动进程以及最终结果。以功能的实际所需为着眼点,衍生出的景观构造以及外观呈现,事实上属于逻辑的源头。

比方说,在设计公路的时候,最终呈现的外观并不是一种凌乱而散漫的勾勒,而应当由车辆的行驶速度以及拐弯半径的距离进行决策。又或者,公园小路,蜿蜒的外观和游人的行走秩序规律等元素息息相关。

建筑大师勒·柯布西耶、格罗皮乌斯、密斯等人,均发表过这一类的看法,也就是把实效性的功能,认知成外形构造内部,极为核心性的参数。

建筑大师沙利文发表过"形式追随功能"的主张。契合于目的属性的实效性功能以及构造,能够经由具象化的外观形态进行展示,演变为源于内而形于外的一种展示姿态。

在美国威斯康星州福克斯河岸区景观工程项目中,呈现出一种"功能推理形态"的典型性例子。以达成河岸社交以及生态环境的多元性目标,在功能角度上,提出防洪等类型的实际所需;在形态角度上,多样化的折线是通过逻辑判断得出的,最具契合性的外观。通过折叠的手段衍生出的波浪形外观,不单单属于视觉角度的探索,同时,它的外观,蕴藏着实效性功能的实现,折叠工作不单单构筑出

防洪堤的多样化外观,同时较高点被当作瞭望台,较低点被当作斜梯引入水体内部,实现相异水位情况的具体所需;

折叠一方面使得附近的建筑得到了相应程度的防洪条件,另一方面也给予了游客多样化的赏景体验。同时,折叠也构筑出一种露天式的广场区域,抑或是不具备固态化使用方式的区域位置,以实现大众的实效性运用为目的,带来了多样化的、具备一定程度契合性的外观姿态。

通过逻辑的手段,推理成型设计的具象化形式,属于景观视觉形态能够得以构筑成型的潜层次规律。由紫禁城所具备的"方"的属性,以及天坛所具备的"圆"的属性;由雄伟的市政广场所具备的规范化外观,以及供以大众进行娱乐活动的市民广场的开放性外观,逻辑方式一定能够推出契合于相应特质属性的某一类型的形态,从而满足应当具备的基础性效能。

功能所具备的逻辑属性,属于形式所具备的内在规定属性,同时和形式衍生出某一类型的互动性作用,保持着恒定的彼此作用、彼此约束。

(二)设计观所具备的具体逻辑——形态的优选

依循黑格尔的观点,形式属于内容的外在呈现。外显形式不仅涵盖着功能于多样化角度之中的具体限定性作用,也凸显了与之呼应的设计观以及价值观存在。设计内部的判断以及整合活动的艺术展示,始终为经外在姿态抑或者是视觉观感进行展示的,优质的景观设计,其视觉观感存在着某一类型的强大价值。

在哥本哈根的住宅区"夏洛特花园",植物群落的具体栽培展示出设计理念内部的"植物的交融"等方面的内容。设计把多样化的植物,通过自由化的风格进行整合组配,比方说色彩呈现出蓝色的酥油草,等等。

设计理念之中所存在的逻辑,精准掌控着不同时空内部,景观所发生的变化。比方说,北欧纬度植物存在着一年四季的不同颜色,夏季之中,蓝颜色以及绿颜色之间的些微区别,而后更迭至冬天的金黄颜色,涵盖沙丘等类型的景色。

经过筛选而留存的,具备交融性等属性的姿态,更加契合于展示相异植物在不同季节的质感以及色泽,植物得到周边植被的映衬,显得更具立体性以及美感。这属于通过标本式的类型的姿态所无法企及的具体景观。

遗存以及新建地景内部,同样具备类似的形态优选活动。地中海畔的 Denia 镇,其核心位置的山坡中,存在着一个阿拉伯风格的城堡。而城堡文化公园属于当地所重视的市镇属性工程,建筑目标在于再次构筑城堡和周边的景色。工作重心点,在于经由于城堡周边构筑多功能中心建筑,从而对山体原本固有的体量进行修复。融进的崭新体块应当同山丘存在一定的联系性。然而,也许能够导致固有的环境被进行一定的损毁,探索出相应的工作手段,以及最终呈现出的作品外观,看起来是一件十分棘手的任务。遗存和新建,这两者形成了一种被紧紧捆绑的矛盾体。

就像是全部的物质均能够探寻出一致的化学分子基础,设计策略应当追溯至方解石所具备的三类结晶属性,从而对设计形态进行具象化的打造。这部分晶体构造内部,所有的个体存在,均为通过矿石内部彼此反应的基础性系统进行衍生。具体有聚合体等等。

山体经过设计施工,塑造为方解石晶体的外观,令设计工作由多样化的角度,替项目思考出一种具备透明属性的基础性内容。构筑出的崭新建筑和外部的地景条件,类似于山丘之中的泥土,直接性地反馈出物体所具备的内在逻辑性内容和设计逻辑性内容之间存在的联系。

二、就景观形态所进行的"秩序"建构

景观设计,并非单纯属于一种画架之中的绘画作品。因为景观的衍生活动是相当精繁的,约束性的元素相对较多,且具备环境繁杂等诸多方面的元素,不管是崭新设计的外观,抑或是固有物质外观的优化,均同它所具备的背景、外部环境之间的联系,有着相应的协调角度下的矛盾,这于我国目前的景观设计工作内部,是一种鲜明的存在。

从宏观角度而言,景观设计即为于新建抑或是改造内部,构筑出秩序。秩序的相关矛盾,能够经由具象化的外观得以展示,形态所具备的秩序建构,属于对相对庞大的设计因子进行梳理等工作的条件下,探索出某一类型的实效性方式,实现理性指导作用下的视觉融合。

(一)内外在秩序之间发生的整合性活动

秩序,属于事物规律的外部展示,属于生物节律针对外部环境所提出的实际所需,同时还属于大众本能属性下心理意象中的一类。存在秩序性的外部形态以及构造,在艺术形式内部,得到了普遍性地运用,主要是由于其来自于个体,是自然秩序所产生出的契合性。

艺术所具备的秩序感,并非属于人工作用下的一种规定式的存在,其具体定位属于个体和自然环境的共性内部。

从生物学的视角而言,在有序以及无序中,生物所具备的本能性属性,以及具体的生活习性,应当进行一定的契合性选择。在纷乱的环境之中,内心应当获得能够带来安宁的秩序化存在;于无趣的反复活动内部,探索出多样化以及衍变性。这即为大众就秩序性所提出的实际所需。

若是客观实际的景观,匮乏一定的秩序性,导致观赏者的失望情绪,这种情况下,便应当辅以艺术创造所具备的秩序性展开调节方面的具体工作。内部的秩序存在一定的规律性,存在于外部的秩序,能够由设施方法实现整合。

分形几何等学科,使得大众了解了自然环境内部存在着的种种精妙而繁杂的形体,带来了某一类型数学角度的阐释图解。大量繁杂的形体,为单调的生成由重复性的迭代而衍生成型的,同时,整体以及局部具备着一定的近似性属性。

这属于本质意义上的,基于理性剖析,就形式所展开的具体认知,代表了绝大部分物体存在着一定程度的秩序。事实上,事物的"嫡"若是并未实现无限大的水平,其内在便一定会具备某一类型的有序性属性,则内部存在的秩序能够经由另外的基础形态得以展示。

巴尔莫里联合公司对圣路易河畔地区的景观进行项目设计工作。该工程的位置,在闻名于世的大拱门下方,设计工作人员将设计目的,置于游客与密西西比河之间的再次连接之中,打算于河面之中构筑出融合了自行车道以及人行道的交叠式道路,并且向船舶提供相应的航道设备。

该设计方案相对于阶地以及岛的相关设计概念,它的弧形等外观形态,均同既存的大拱门建筑衍生出了某一类型的崭新秩序。设计工作于构思阶段,便已经精准地掌控着内部秩序属性(弧形所具备的规律化属性)、外部整合属性(相异弧度的弧形等等,构筑出的具备和谐性以及转化性的秩序存在)之间所存在的具体联系。

(二)秩序以及非秩序的均衡

就像是音乐应当经由相异的节拍等元素,契合于个体的生物秩序多元性所需,视觉环境同样应当存在一定的秩序属性,从而契合于视觉层面的多元化所需。所以,应当考量某一类型恰当的形式衍变。在秩序以及衍变活动中,维系着某一类型的恰当联系,把多元化的充实感融合到秩序性的组织内部。

一致与差异性,属于一种具体的矛盾性存在,怎样令其共存于某一类型的有机秩序内部,恰恰属于形态设计应当处理的基础性矛盾。

Gross. Max 景观事务所进行项目设计工作的伦敦南岸的朱比丽公园,是由散步区域以及活动区域两大元素构是而成的,这两种元素衍生出一种视觉刺激。广袤的草场,由直线形态等种种类型形态进行设计,大众能够在其中进行大规模的活动,举办球类体育活动,抑或是举办某些聚会。

以约束车流量为目的,直线演变出一定的扭曲性,同时存在着高度的差异性,出现不平坦的狭小路段以及外观相对来说极为陡峭的阶梯,大众能够在其间散步,而并不会产生一定的干扰性元素,多样化的植被提升了公园内部所具备的私密属性。

秩序形态以及非秩序形态之间,达到了相异功能间的自由切换效果,实现了不同的实际所需。

在彼得·沃克的景观设计中,形态所具备的秩序性是相当鲜明的,秩序性所具备的相当程度的严谨感,以及秩序的延伸,体现出一种独到的对比性,也实现了丰富功能的契合作用。

三、就景观形态进行的"模式"建构

亚历山大认为,某一类型的特质化行为机制,在某一类型的特质化物质环境内部存在着联系,能够被定义成一种预期化的,抑或是终极化的状态,这一类型的预期状态,即为一般所说的模式。

这一类型的模式属于某种原型的产物,具备永恒的属性,涵盖着某一类型的设计矛盾的全部阐释手段的共性特质。

他在《模式语言》中说:"这里的许多模式是原型,能深深地扎根于事物的本质之中,它似乎会成为人性的一部分,人行为的一部分,500 年以后也和今天一样。"

历史经验的沉积、社会公认的内容,使得我们获得了大量模式,辅以模式探索出能够进行理性梳理整合的某一类型的原型,设计工作便能够轻松地探寻出定位点。模式的思维手段,应当重点关注原型所能够衍生出的梳理定位工作,如若不然,便会导致程序化的负向情况。

(一)自然模式的形态模仿

自然所展开的模仿,源自人类发展的早期阶段,大众对于大自然存在着相当程度的依赖性,同时,在大自然内部,获得自身需求的实际养分,创造活动。在汉代得以成型的东海神山的存在,转化成唐代的"一池三山",也就是古代的皇家宫殿理水的预期性构造。

　　"片山勺水"在私家园林中,很大程度上模仿着自然景观中存在的山水风景,被梳理整合成某一类型的具体模式,同时,逐渐衍生为我国古典园林就自然环境的临摹性活动。

　　江南地区的园林,有的对风景画进行临摹,有的把名景当作蓝本,勾勒出大量的美好景观典例。这一类型就自然形态进行临摹的意愿,在当今社会中仍旧存在。人造森林等,均来自就自然而衍生出的膜拜以及依赖感。

　　"负阴抱阳"这一类型的建筑在地点选择上的风水意象,慢慢演变为某一类型的预期化风水模式,同时展露成具象化的外观存在。奥林匹克公园的地理位置,在北京市内中轴线的终端位置,依据预期化的风水模式,把"仰山"等类型的意象,当作收笔性的内容。

(二)当代建筑"类型学"设计手段所带来的种种启迪

　　目前,西方建筑类型学于审美观念以及具体形态角度,构筑出一种独到的美学魅力。从广义的视角而言,若是于设计活动内部,关联着原型的概念,抑或是能够剖析出客体所具备的原型特质属性的,均应当被归结为建筑类型学探索的领域之中。

　　因为对于原型进行选取的源头视角存在着差异性,当代西方建筑类型学的构造,大体为两大块内容:由历史层面探索原型所涵盖的新理性主义的建筑类型学,以及由地区层面,探索原型所涵盖的新地域主义的建筑类型学。

　　类型给予设计工作人员相应的主旨等元素,"类型并不意味着形象的抄袭和完美的模仿,而是意味着某一因素的观念,这种观念本身即是形成模式的法则。模式,就其艺术的实践范围来说是事物原原本本的重复"。

　　占地面积为360公顷的澳大利亚植物园,能够使大众感受未经人工雕琢修饰的森林,以及实地的相关美景,同样还能够看到澳洲本土特色的植被。设计工作者的主体性设计目标,强调澳洲人民和国家特色植被内部存在的交互性关联,同时涵盖着对地形等元素所展开的想象。

　　设计工作淬炼出自然条件下的地貌外观,构筑出大众能够认知到的某一方面的"类型",实现了理想化的目标。

　　绵长的社会发展史以及具备悠久历史的人文景观,给大众带来多样化的,能够进行比对参考的"类型"。新理性主义的建筑类型学,同样向我们明晰了比较参考的手段。景观设计辅以建筑类型学的手段,并不单纯仅为人文景观的发展过程进行梳理整合,而属于把历史属性下的人文景观置于另外学科探索中,进行思考与实践,同时辅以另外学科的探索成就,阐述景观形态的实质性内容,以及开展超历史和历史形式的二度运用,从而妥善处理人文景观所具备的历史模式和现下社会实际所需的具体形式内部存在的种种不和谐元素。

(三)形态语义的社会模式

形态的探索大体涵盖两大角度的内容,不仅代表着物形所具备的识别属性,也代表着个体就物态所衍生出的心理体验,一方面存在着逻辑性的规律内容,另一方面也属于社会的共识性内容。就自然形态而言是这样,就经过人工塑造的设计形态而言更是这样,

由就景观形态所展开的经营工作,展示出物形内部所具备的逻辑关系,以及构态所具备的符号属性。某一部分的形态之中,蕴藏着大量的必然性属性。

比如,具备纪念价值的景观,往往选取单纯意义上的几何构造,呈现出一种具备独特魅力的场所意蕴。金字塔,单纯性质的正四棱形(于形态语义之中,象征着永恒等含义),向大众展示出这一类型的永恒无上意识的最优质姿态。

依照瑞士心理学家荣格的分析心理学理论,大众的潜层次意识(抑或是无意识)具有两大类型的角度:首先为个体的潜层次意识,它的主体性内容源于人类的心理行为以及心理体验;其次为集体属性下的无意识,其中,涵盖人类整体性种系的发展活动的、共性化的心理存在。同时,原型以及模式,即为这一类型的集体无意识关联性内容的主体性构成。

形态是不是可以得到辨认,关键在于其同原型之间的相似水平,越是近似,越容易得到明晰化的辨认。形态语义所具备的社会属性模式,属于人类于历史沉积过程中衍生的部分形式的共通属性认知。

大众就形态的认知,在大部分状况之中,为"约定俗成"所制衡,比如,氛围相对庄严的场景之中,往往会选取圆形以及比较规范化的外观,曲线属于较能够展示出自由的外观存在。

景观形态在成型后,需要经由社会大众对其进行审美体验以及评判,把社会属性模式下的语义融合于形态内部,一方面属于创作视角的延伸,另一方面,规避了淡化观景者审美体验的"个人英雄主义"色彩下的极端模式之中的创作行为。

在国际竞标的部分关键性项目中,这样的特质得到了极为鲜明的体现,比方说奥林匹克主景观区项目的具体设计工作,"龙形水域"属于不同竞争方一致的创作特质属性。这一类型的社会模式,属于形态最终评价的主体性参照,同时展示出共性认识就景观形态衍生所起到的制衡性作用。

第三节 感性建构思维

在柏拉图的众多弟子中,亚里士多德最为闻名,对此问题,两个人提出了相异的看法。

亚里士多德的观念,个体具备着某一类型的源于神秘的精神支撑,他认为,这种精神支撑同灵性具备着一定的关联性。在亚里士多德的观念中,就全部生命来说,灵性属于最关键的力量存在,哺育了生命的不断壮大。具备相当程度敏感属性的灵性,体验到了感觉等种种元素的存在。在"理性的灵性"进行判断等方面工作时,即为所谓的思想。

认识的来源,是客观存在。同时对于大众所具备的意识起到了决策性的作用。感性思维的主体性职责,即为现象认识。想象应当经感性思维,方可以演变成现象认识,并演变出实事资料等存在。

因此,感性认识所掌握的,仅仅为客观事物所具备的表象,也就是声音、光线的媒介物,传递至个体的感官器官之中,同时于个体的脑海内部进行映像,而并不是真实的客观事物,可以这样讲,我们观察到的,仅仅为事物的外在表象,抑或是某一个局部的片段性内容。

具备共同性的事物是广泛存在的,比方说,方形物质能够进行呼应的事物,相当多样化,同时具备一定程度的随即性。所以,"所见非所得",大众对于事物的认知,尽管源自客观存在,然而,这种认识仅仅属于事物的表象随即的一种反馈,这即为感性思维抑或者现象认知之中的不足。感性和现象,经由主观、客观两种相异的视角,阐述认识的初期时期阶段。

现象的感觉,属于触动个体感情的源头性内容,形态设计工作的核心,从某一类型的角度而言,即为怎样触动个体的感觉。大众在观察某一类型事物时,往往能够展示出喜怒哀乐等类型的情感变现,官能性的感官察觉出事物的存在,通过神经的作用,渗透入脑内部,在脑海中,在构筑一定的印象之外,也能够产生一定的反馈抑或是体验,展示着事物的具体态度。

所以,这一类型的情感体验抑或是具体感受,与此事物所带来的印象,存在着一定程度的关联性。个体美好的事物,会衍生出相应的愉悦体验等等,均同具体物象所触发的相异感情存在着关联性。

感性思维属于认识活动最为早期的阶段,普遍意义上的理论观点是,大众就客观实际世界所衍生出的具体认知,从感性存在发展至理性存在。此处所谈到的"感性建构"的相关理论,即以个体的认识本源为原点,探索最为直观性、纯粹性的视觉印象。这一类型的观念,和我国古代先人的一部分理论相类似。返还至本源之中,进行对于客观实际世界的观察、认知以及改造活动。

就大量的具备理工科背景的人而言,这部分人群的认识,通常会把感性梳理成一种较为虚幻的存在。就设计而言,特别是处在技术以及艺术二者交界处的景观专业,在温饱都没有保障的发展时期,感性看起来像是应当被进行排斥化处理的,抑或是不应当被当作设计的原点。

此处,笔者并非希望强调感性的存在价值,不希望对其产生不必要的争执。而单纯属于研究某一类型的以感性为起源点,具备本能性以及直觉性的设计手段。

作为并列的分支,笔者在前文中研究了景观形态理性建构方面的相关思维手段。若是认为理性建构方面的具体思维的目的,是令形态设计能够具备合理化的论证素材,以及功能方面的实际依据,那么,感性建构的相关理论,便属于由个体的认识本源为起始点,探索最具直观性、纯粹性的具象思维,形态的设计工作并不存在相应的约束性、障碍性,而极富艺术氛围感。

景观形态所具备的物形,可以被归结为视觉观照之中的具体形象。必须肯定的是,大量的极具艺术特征的形态构成,属于相对繁杂庞大的感性心理行为所衍生出的具体成果,却不会起源于理性心理行为。

本书中,我们研究的感性建构思维,以主体视角为起源点,通过想象等多类型的支点,延伸出就景观形态设计手段的具体研究。

一、景观形态的"视觉"建构

环境心理学的相关研究发现,在人的感觉系统中,视觉具备着主导性的地位,个体由外部客观环境内部汲取的信息之中,超过80%的内容,属于经由视觉传递到人脑内部所汲取的。视觉属于人类了解客观世界,汲取相关信息的最为核心性的官能性器官。

肩负着心理活动职责的视知觉,存在着一定的能动性属性,由此作用于人类的设计行为、信号手段等把视觉特性当作基础性的内容进行探讨,探索从个体的视觉感知出发触动的形态设计手段。

(一)纯视觉游戏

"读图时代"作用于大众就大量事物的具体解读行为,在形式、信息、标准多元化特质属性的当今社会中,形态的刻画始终呈现着持续性的改变,并没有发生过任何的僵滞性情况。

客观事物现象通常在个体的官能感官之中,频繁大量地出现,然而,能够由本质角度得到认知的,却极为罕有。这和个体的关心水平存在着一定的联系性,并未对其产生出关注的事物,就算是在官能感官面前出现了无数次,也无法被得到相应的认知。

所以,不难明白为什么大量夸张而艳丽的广告图画于都市之中泛滥式地存在。商人群体均期望能够通过纯视觉化的方式,促动产品大量销售的可能。

依据格式塔心理学的理论,所有事物所具备的外观形状,若是为个体进行了相应的认知,均属于在知觉的作用下,开展了相对积极的组织、建构工作的最终成果。视觉形象并非属于就感性材料所展开的僵硬化复刻,而应当属于客观现实所衍生出的创造属性下的具体把握,其能够进行把握的具体形象,是具有创造性等种种特质属性的美的具体形象。

按照阿恩海姆的理论,"人的各种心理能力在任何时候都是作为一个整体活动着,一切知觉中都包含着思维,一切推理中都包含着直觉,一切观测中都包含着创造"。

1. 感官盛宴

关注图像,属于视觉角度之中所存在的自觉倾向,设计把形态所具备的形式美感当作起点,融合了色泽方面的具体元素,构筑出一种相对美好的观赏感受。抑或是通过某一类型的特异属性,实现视觉角度的优质性体验,也是实现感官角度的优质化体验。

瑞士 Stella. Gallen 城市的"都市休息室"这一作品,颜色呈现艳红色的塑胶地面,构筑出一种毯式的构造,延伸至喷泉等种种景观处。观看者为这一类型的刺激性视觉效果所触动,原来设计还能够做到这样大胆,而设计的视觉效果同样能够这样精妙!图形化的设计同样能够衍生出大量的感官角度的感受,比方说美国匹兹堡的 Carnegie Mellon 大学之中存在的一角,具备相当明亮艳丽的颜色,通过呈现出流动形态的曲线设计,衍生出其中的道路,中部位置的平台被抬起,同时在上面遍布数字化的图形设计,形成了相当程度的视觉刺激。

2. 趣味吸引

就具备特殊主题的景观设计工作,运用趣味类型的具体形态,观看人能够从感官功能中,汲取怜爱等类型的内在心理活动,由于发生相应的兴趣,从而汲取心理层面之中自觉式的接近效应,由此就景观形态衍生出接纳等类型的心理特质属性。

特别是和儿童活动相关的主题存在联系性的景观,存在相应趣味性的吸引力,演变为主体性的造型方式。比如,通过木质材料、黏土材料构筑出形状与鸟巢相近的迷你房间,极具童话意境的外观,令孩子们不由得产生出一种在其中探险的愿望。

3. 图像愉悦

具备轻松感的画面图像、清新脱俗的外观、明朗清晰的图示,能够实现观景者衍生出一种愉快的内在情绪。和感官盛宴存在着差异性,"图像愉悦"并不具备强烈的情绪起伏,也不具备相当程度的视觉冲击性。形式所具备的美好感,属于主体性的创作目标。

西班牙格拉纳达的一个公共公园,线条相当顺畅,且具有协调的外观颜色,内在心理活动中所具备的愉悦感,会在观景过程中得以衍生。

(二)"信号"手段

感觉得以衍生之后,一定会在个体脑海中,存留着一定的记忆属性下的痕迹,时间的具体长度、印象的具体存在程度均源于信号在感觉角度的强弱水平。就个体的视觉感知来说,通过信号方式的转化,强度所带来的相应触动,媒介所产生出的变异行为均能够使得印象的层次更为深入,形态的衍生,具备着多样化趋向的延伸。

1. 信号手段的媒介

信号的传递等活动,以及信号媒介的多样化属性能够在很大程度上深入观看者感知活动的具体强度,比方说,形状色彩的一般性手段转化成电子媒介;静止状态下的物形,转化成运动状态下的物形;常规材料转化成前沿化的新类型材料,种种的方式均辅以人体大脑感知方面的特质属性,通过信号媒介转化的方式,进行感知内容的充实。

2007 年,冰岛的维迪岛,构筑了和平灯塔,和平灯塔属于一个概念性的设计,是约翰列侬和他的遗孀小野洋子共同设计的。灯柱的光射范围相当辽阔,直到首都雷克雅未克都能够看到,这个设计凸显了和平的关键性价值。信号的媒介从实体性的物质转化为捉摸不定的虚物,灯塔发展至光线,设计形态衍生出一种从实体性的存在,发展至虚幻性存在的变化。

2. 信号手段的求异

在设计构思的初期,通过较为特殊的手段,处理大众所获得的详细信号,通过反向等类型的手段,诉求设计工作所具备的崭新视角,通常能够收获意料之外的惊喜。

3. 形式的编排

形式也就是语言关系的具体编排工作。

繁杂细碎的种种要素,若是并未妥善地编排处理彼此间的联系,构筑出确定明朗的形式,属于不存在任何价值的,同时也会使工作人员产生倦怠情绪。

明晰精准的关系编排,能够触动大众的愉快心理,比如,要素彼此内部构筑出对比性的联系,等等。

美国加利福尼亚州亚格林德尔市,某个寻常无奇的通道,经过相应的设计施工,变为令人称奇的社区国际象棋公园。在繁杂的建筑群落中,将国际象棋的不同棋子当作蓝本的造型化灯塔,成为一种相当鲜明的设计存在,凸显于社区建筑群内部,不同的形态于相异格局之中发生改变,同时也存在着统一性、和谐性,构筑出一种融合性的联系。相当简约的象棋构造,通过秩序化的手段,在社区建筑群内部得到编排,彼此遥遥相望,存在着相互的吸引性作用,形式的具体编排工作令视觉角度衍生出令人愉快的感受。

可以这样说,理性的思维能够切实保证功能所具备的科学性属性,明亮艳丽的色泽、顺畅的动态化形式,属于一种自由想象的起源点。我们不能够通过计算方面的工作,规整出最为理想的形式,不能够通过预先统筹好的数据,精准得出色彩方面的具体选择,也不能够依据预先提出的种种实际所需,判断图像以及形式的具体运用手段。

通过视觉的这部分特质属性,设计工作的主体:设计师群体应当在一般观景者之前,观察形态所具备的视觉价值,继而辅以设计方式将其进行呈现。通过视觉进行形态的构筑工作,由个体所具备的视觉本能为起源点,更能够得到首要性的,以及广泛性的感知。

二、景观形态的"想象"建构

想象的思维,属于就既存的多样化表象开展整合、再建的心理活动进程。想象的源头,是主体的心理背景等方面的内容,属于构筑于多样化的素材基础之中,需要设计工作人员于平素的日常生活之中,便塑造出一种观察并且收集素材的良好习惯,不具备实际生活经验和多样化素材,想象便会失去支柱性的力量。

(一)形态的联想以及繁衍

形态的联想能够被当作个体的一种本能属性下的具体反应,直接通过物象的造型,触动其相类似的物象所展开的联想,抑或是依照过往的实际生活经验,由观察的事物内部,获得相应的启迪,探寻出内部存在的近似性,从而开展的思维运作。

1. 形态的联想

联想并不存在相应的框架,能够把大量的、距离较远的事物,抑或是根本不存在任何联系的要素进行联结。能够为故事情节等等,同时也能够漫无边界。

通过联想的手段,将生命的有机形进行简易式的处理,使其转变成机械状态下的几何形,还能够把不存在生命力的人工形态进行改造,令它获得生命感。大自然之中存在大量的形态属于创作工作的源泉性储备,我们能够先进行采集工作。采集并不是最终的目标,最终的目标应是具备价值的形态。

设计活动内部,把形态进行抽离性的工作,使其演变成纯粹抽象形态之中的点线面构造,它的关系演变也能够触动个体相异的心理联想。比如,有序排列的组织内部,突如其来的元素演变,抑或是元素缺失,能够触动大众的讶异感;顺畅流动的曲线猛地发生破裂,能够使得观看者产生悲伤的感受;在凌乱的形态内部,一个相对突兀的点往往能够吸引大家的目光,观看者便会对其进行联想,演变出某一类型的鲜明趋向。

从某一层面而言,形式规律即为视觉心理之中所存在的内在规律。

就形态所衍生出的联想构思,不可以淡化抽象在其中所起到的价值,抽象表现可以令我们挣脱出客观现实之中存在形态的约束性作用,更加直观化地触动相关的联想,比方说由桅杆等物件进行支撑性的景观构造,能够使得观看者联想起帆船等一系列的关联性形象。

2. 自然形态的启示以及繁衍

所有形态的来源都是大自然。设计师在敏感性心态的驱动下,把自然形态进行提炼,衍生创造出更为丰富的具体形态。对于形态所具备的外形特征进行模拟,直至对形态所具备的结构特质属性进行模拟,继而抽象性地描绘了形态所具备的运动特质属性,其中涵盖模拟形态所具备的生存功能等方面的内容。

鱼鳞对鱼身体所起到的保护性效能,触动古人的联想,故而进行了铠甲的设计;乌龟的外壳不仅能够在很大程度上维护其身体的内部组织,而且,外壳所具备的外弧线,同样起到良好的承重力分布作用,在建筑设计工作之中,得到了普遍性地运用。

奥地利格拉茨之中的穆尔河,存在着一个特殊的景点——穆尔岛。这里所说的岛。并非为水域内部的真实岛屿,相反,是在水体内部,构筑出了相当庞大的海螺外观。通过鹦鹉螺的外观发展成型的所谓的"岛",稳固地立足于奔腾的水流内部,在穆尔岛之中,能够进行小规模的演出活动,同时还存在着酒吧等娱乐场所。

瑞士苏黎世某个位于交通枢纽地带的广场,因为种种约束性因素,电车轨道围绕的硬地之中,外观被设计为碎片浮冰样式,在硬地表面,规置出植被以及座椅。通过浮冰,联想至安全地带,轨道之中存在的安全地带和附近存在的种种危险地带,以浮冰为限进行划分。形态构思活动内部,自然形态所带来的启迪,以及相关的繁衍活动,始终属于一种不存在尽头的源泉性存在。

(二)创造性想象

一方面,想象之中,实际存在的心理内容,即为表象的解构以及整合,相异的设计工作人员就表象进行相异的解构以及整合工作。想象是人脑对于记忆储存内部的表象进行相应的改造,从而构筑出崭新形象的活动。客观现实,属于想象的来源以及主体性的内容存在,同时,还属于既有经验内部,已然存在的部分暂时性联系开展崭新结合的活动。

如同鲁迅描述他如何刻画一个人物:"嘴在浙江,脸在北京,衣服在山西,是一个拼凑起来的角色。"

个体可以在脑海中创制出客观实际内部并不存在的形象,大量的艺术创造即为施展想象力而得以衍生成型的。中国传统文化龙的形象,均属于通过想象得以衍生。有着人面狮身的怪异形状的怪兽斯芬克斯,属于人面和狮身外观的整合,然而,这部分创造产物,均可以在客观实际之中,探索出原型式的存在。

通过创造性的想象活动,进行景观形态的构筑,以漫无边际的联想为起源点,想象捕捉具备内涵的形态,继而将其发展为具象化的存在。

巴黎某个广场之中的景观物体,具备着相当新奇的外观,既近似于象形,又不是象形,令人无法对其进行解读,外观具备着相当程度的想象创造感。

创造,属于既存经验,以及目前条件所开展的二度加工完善,令其能够超越原型,衍生出一种令人惊叹的,闻所未闻的崭新方案策略。再造以及创造,被归结为两大类型的层面,再造属于普通设计工作者经由相应的探索实现的,同时,创造仅能够发生于少部分具备深厚专业素养,以及探索精神的群体。

经由想象赋形衍生出的相关艺术形式,看起来"仅停留于自然现象的表面",事实上,可以做到"能够涵盖同时渗透到人类经验的所有范畴",所有自然事物以及个体的活动,均无法"抗争于艺术所具备的构成性以及创造性活动"。

三、景观形态的"意象"建构

努力挣脱既存的思维、表象,是存在一定难度的,属于设计构思工作的惯常情况,对其进行抵制,相较于对其进行接收受要更加艰难。事实上,关键的点并非形态,而应当为内容,也就是所谓的精神。

形态一方面可以使观看者获得愉悦感,另一方面也能够给观看者带来一定的苦闷。也许能够呈现出优美的形态,还有可能最终的呈现效果相当不堪。就形态所衍生出的具体感觉,属于触动个体情感的主体性来源,形态设计工作的核心,于某一层面而言,即为怎样触动个体内在世界的情感。

意象建构,强调创造设计出某一类型的具体情境,把设计的联系性内容置于这一类型的情境内部,尝试着规制出模拟性的真实存在,仿若曾见的影像,以及无法定义的具体意境。

相较于表象,意象更为繁杂而抽象,应当通过表层内涵的带领性作用、过渡性作用方可以得以触碰,唯有中介形象难以得到展示。意象和想象存在着差异性,意象属于同心理机制衍生反应之后的统觉,是不清晰的,但存在的印象重叠于影像的感觉映射。

想象是能够被随意施展的,意象属于同环境存在着一定联系的,由环境内部淬炼出的部分信息,和时空元素进行融合、衍生出现的结果。

在朗格的观点中,外部事物展示出的力的样式,和某一类型的个体情感内部涵盖的力的样式存在着同构性活动的时候,我们便能够体会到其具备着人类的内在情感。

矶崎新曾说,"建筑是产生意义的机器。"那么,是不是我们能够这样讲,景观属于衍生出意义的一种机器性的存在? 这部分看法均能够传递出这样的理念:景观形态建构的高级化形式,更为专注的是意象和它所涵盖的内在情感。

（一）传设意象

阿恩海姆对艺术以及视知觉的探索，给出了视觉思维的相关定义。在他的观点中，本质意义上的创造性思维行为，属于由意象展开的。创造性思维，是由视知觉选择作用衍生出的意象开展的，视觉意象于思维内部存在的功能大体能够分为三大类型，即：绘画，符号以及记号。意象属于将思维以及感觉进行统一化处理的媒介性载体。

创设意象的主体性目标在于，独立属性下的物质环境，不仅通过外观条件得以大众对其进行关注，也能够被大众进行相当明晰化、强烈化的认知。意向属性下的景观，能够令观景者衍生出一定程度的共鸣性意识，同时极易进行记忆方面的转化性活动。

2006年，多伦多举办的"从码头到城市"设计竞赛，其主旨性的内容在于复原城市内部存在的大量公共空间。竞赛活动开展的过程之中，600辆单车构筑出一个形状近似于凯旋门的拱门，以断续的方式规制于城市内部，通过节点，进行意象的联结，呈现出休闲以及运动的相关主旨性内容。由单车而衍生出的悠闲等方面的种种联想，衍生出综合性的意象，折射出主办方想要传递的主旨性内容。

（二）情境模拟

意象并非属于现状通过抽象活动，在缩微活动之后，衍生出的具象化模型，相反地，它属于一种具备目标性的简化性工作，由现状所展开精简、排除等类型的工作，再辅以一定程度的附加元素，把不同的局部进行整合，构筑出最终的意象。

通过情境的视角，对某一类型的意象进行模拟性的工作，选取抽象以及综合的方式，凸显主体所具备的强烈印象。美国佛罗里达州奥兰多的迪士尼公园，存在着明暗光线等多元化的丰富观景体验，能够令游玩者鲜明地认知到大峡谷所具备的相关意象。

（三）抽象以及移情

沃林夫尔发起的抽象以及移情的美学观，属于审美心理现象的一种移情性内容，简易来讲，即为主体将情感等方面的内容，向课题进行投射抑或是移植性的活动，由此得到愉快以及感动的体验。其针对着审美主体美学感受衍生出的一种内在心理机制。

沃林夫尔在《抽象与移情》中采用一个简单的套语描述移情心理过程的特定："审美享受是一种客观化的自我享受。审美享受就是在一个与自我不同的感性对象中玩味自我本身,把自我移入到对象中去。"

移情工作进行过程中,首要原则,即为主体于观察某种形式的过程中,彻底性地融进了形式内部。若是移情属于一种彻底性的行为,则完全地融进其所观察的形式内部。移情象征着主体和客观世界,抑或是审美客体存在着的一种弥合性的状态。形式能够令大家体会到愉快感,其中的原因,在于其触动了大家的研究愿望,以及想象活动的具体移置,其于个体心灵内部,触动着情感体验方面的协调性共鸣。

通过意象进行形态的构筑,移情属于它的高级化形式,个体的多样化感官,能够伴随着个体的即时性心理元素和自身的过往经验,进行交互性的移借等方面的作用,视觉感受亦然。移情属于跨越了物质之中存在的局限性,把另外的物质内涵向此物质进行转移,便等同于把个体就另外物质所衍生出的感情,转移至此物质内部,令形象具备启迪性,并且能够带领观赏者展开多样化联想的具体效能。

里普斯曾经说过,辅以移情的投射,所有的几何形式均具备其自身的特质化属性,色彩由于它本身,获得了充盈的生命力,并且预示了某一类型的具体情绪。

移情活动内部,审美主体将自身转移至视觉艺术客体的形式,由此得到审美体验层面的愉快感受,这种做法的本质性内容,属于由于就自我生命感进行肯定,得到相应的愉快体验。

美国得克萨斯州的泻湖公园,并不存在过分累赘的外观形态,公园全部被庞硕的"水草"紧紧围绕,这些"水草"连绵不断,纵横于水体之中。形态所具备的意象融合于水体之中,"水草"呈现出的暗红色泽,构筑出一种幽秘之感,漫步于公园内部,仿若是融进了一个由水生植物构筑出的微缩环境之中。

知名的建筑评论家查尔斯-詹克斯,1990 年在苏格兰西南部建造了 Dumfriesshire 的私家花园,查尔斯于花园内部,采取的是艺术化地形方式,以旋转状浮动的地面,阐述着查尔斯就"宇宙观"的深深崇拜。

花园内部,最为精彩的一个构成,即为浮动性的草坡以及池塘的设计,这部分设计一方面阐述着查尔斯在宇宙建筑的相关观念之中谈到过的,比方说叠合等多样化的,能够展示其"形式追随宇宙观"的理论,而且还塑刻出一种罕有的视觉遐想。

正如 1955 年阿尔瓦·阿尔托在维也纳建筑师协会的演讲中说的:"造型是个不可思议的东西,无法定义,却以殊异于社会济助的方式使人觉得愉快。"

第四节 互动建构思维

上文曾经谈到,具备思想,抑或更为精准地表述为,创造思想属于同创造能力,以及直觉衍生相当密切的关联进程。构思属于设计活动内部的基础性构成,尤其是在需要衍生出崭新设计思路的过程中,构思是相当困难的。

互动思维并非是用以代替理性抑或是感性思维的,它属于对这二者进行补充性的作用。运用绝对意义上的理性抑或是感性思维,在现实设计活动中,可以说并不真实存在。唯有对此二者进行同时运用,方能够处理多样化的实际设计所需,同时衍生出崭新的思想。

"垂直"思维所具备的逻辑性,令思维活动拥有了明朗的"连续性步骤",所有的步骤均对下一步骤起到决策性的作用。如此一来,便可以将注意力凝结至所有现下的具体思维,有此思维获得线性化的特质属性。此处所讲的线性,并不是一种单调性、僵化性的线性推进化的思维手段,而应当重点突出它的前后逻辑属性。

互动思维所具备的观察手段,属于一个整体性的综合存在,这一类型的思维,属于于网状构造之中,以跳跃式的形态展开,所有的跳跃活动,均为尝试构筑出理性以及感性内部存在的关联。

先是理性思维出现,替感性思维打造完备必需性的准备工作以及严格化的相关规定,感性思维于此基础之中,方能够实现针对性地创造工作。先是感性思维出现,替理性状态下的加工,实现灵感的衍生,使得设计工作走进灵性的范畴之中,理性紧紧追寻于它,恰当地把灵感进行梳理整合,从而契合于技术和艺术并重的具体设计所需。

一、理性基础之中的感性创造

理性基础之中的感性创造,该怎样对其进行认知性的活动?首先应当了解的是顺序方面的具体问题,也就是先是理性,后为感性。就像是极富秩序性的、严格的框架构造,内部具备大量的灵感思维以及创造性的存在,而不是融汇于整体的理性思维。希望把这一论述进行清楚的阐述,看起来极具难度,然而,其更趋近阐述先后顺序的逻辑方面的种种问题。

理性思维的职能是形成本质和规律的认识,是理解、解释现象的认识,是感性思维或现象认识基础上进一步"加工"的思考。通过由表及里、由外至内、由浅入深、由个别到普遍、由片面到全面、由孤立到相互联系等认识过程,更接近于客观事物本来面目,本来性质或本身内在实质关系,更接近于客观事物本质或真理。以理性的思维出发思考设计的过程,而不是按零星的"灵感"来进行,这是很多工程性学科一直的设计程序。先确定工作模式与流程,再按条目引出要设计的内容,最后回到制定的框架模型。这个过程包括这样几个内容:

第一,重在以理性方法的框架模型作为基础;

第二,由框架导引的分段思维创造;

第三,回到框架的理性体系综合。

埃森曼设计的欧洲被屠杀犹太人纪念碑就是用空间表现概念的例子。方案约 2700 个混凝土柱分布在基地上,柱宽与间距均为 95 厘米,高低各不相同。这个看似理性的网格中存在着不确定的动感和无中心的混乱,看似稳定的结构又显示出随机和差异。方案显示了从一个显然稳定的系统中寻求本质不稳定性的过程,每一个柱体都取决于柱阵网格和柏林城市网格交错的关系,这种不规则性的叠加和网络结构的变异,导致原本规则网格中模糊空间的出现,使这一网格具有多向性。在这个纪念碑空间中,没有目的,没有终点,没有中心,人的体验是对无边际的网格系统的非线性体验。纪念碑林空间暗示出"当一个应当理性且有秩序的系统扩张得过于巨大,且超过其原有设想的目的尺度的时候,所有拥有封闭秩序的封闭系统都必将瓦解"。

唯有亲历其间,对埃森曼的理性思维的整体脉络才能有较为清晰的认知。埃森曼设计了一套严谨的体系,这一体系将地上的广场部分和地下的博物馆部分联结成了一个整体。地上的碑体,在地下就成了上凹的空间,仿佛被抽离了出去的体块,而体块的投影映射到地面,成了信息传递的文字载体。一切都在逻辑的秩序中,在理性的框架间。

但是,这种理性并没有成为简单的一种秩序设定,埃森曼完全可以就此罢手,将广场设计成一个气势庞大的碑体陈列,用简单明了的视觉语言与观者交流,达到"说教"的目的。从多角度的观察我们认知到这个设计的高明之处:设计者将真理性的价值、真挚的情感,甚至是悲痛、警世等都借用形态表达语言来"诉说"。理性的秩序中,感性随处可见。波浪般起伏的整体阵列的表面,逐渐低垂下落的体块,渐渐融入地面的网格中,与城市的广场边界渐渐重合,似乎这一凝结了多重含义的形态并没有结束,而是默默无语地沉入了地下,更加庞大的事实都随着这种沉默一起沉默。如果我们继续深究那段惨痛的历史,埃森曼的设计似乎还有着无穷的变数,以感性的气质挥发在这样一件景观设计作品中,随着岁月,一直继续解说下去。

无论是长方体还是地面同等的长方形面状铺装,包括所有的色彩以及材质都达到了完全的严整,灰色、浅灰、中灰、深灰,混凝土、花岗岩、灰色广场砖,都统一在这样一种完整中。笔者谓之理性,从理性的控制中,各方面的元素以同一方式统一在了一起。所以,这样一种对于形态的把握和整体创作时可以归纳为基于一种这样的思维——在理性基础上的感性创造。

二、感性基础上的理性捆扎

爱因斯坦说过:"逻辑思维并不能作出发明,它们只是用来捆束最后产品的包装。"

这句话使笔者茅塞顿开,连爱因斯坦如此理性的科学家都极力推崇形象思维、感性思维、灵感思维的价值。设计方法中不存在绝对,从理性出发和由感性出发同样都可以达到设计的开展。互动的思维意在说明无论从何种思维发生,都可以凭借正确的途径帮助整体设计的推进,最终达到形态的生成。

美和艺术的科学研究方式,谈到科学研究的方式,我们就遇到两个相反的方式,每一个方式好像都要排除另一个方式,都不能让我们得到圆满的结果。

"互动"思维的理念体现着动态的交互方式,它不同于线性思维或逆向思维,是一种非线性的往复交替的思维模式。来回的往复带来出其不意的结果,如同齿轮的互动会产生源源不断的推力。如此,将感性与理性同时纳入设计思维中,并让它们交互碰撞,会产生什么结果呢? 前面的观点提出了"在理性的基础上进行感性的创造",旨在强调理性是整体框架,是限定性因素,感性是在理性框架内的发挥,是被理性约束的。而互动思维的另一方面,笔者想说明的是,在形态创作的过程中,感性的自由发挥尤其重要,按照一个有生命的人来解说,如果理性是"骨骼和器官各部分",那么感性就是"思想与灵魂"。它们共同构成人的所有,只是各自的职能不同而已。

我们总能听到批评的声音,如"设计不能太感性",但感性因素也是景观设计中的动力因素,尤其是在景观形态的设计中,只有在这种情感状态下才更能创作出富有灵魂的作品。

在景观形态创作过程中,造型可能是一开始就会遇到的问题。选择什么样的"形"来表达,可能对最终的结果具有决定意义。如同前几章所述,"形态"不是单独存在的,"形"的出现必然同时伴有"态"的感知。如几何形相当于列方队、正步走,虽然有整齐划一的效果,但不能给人以舒适愉悦的感官满足。意思是,几何形出于学理,而艺术本源于性情,理的形式不能完全容纳情的内容。我们所要做的就是在景观形态的创作中,既要让性情自由发挥,又要让它符合理智。因此,笔者提出了"感性基础上的理性捆扎"的观点。

先来看一件设计师作品,自由的手稿往往在我们的笔下时隐时现,却依然可以借助理性将其付诸现实。我们在其中看到自由与畅想,只要为这样的自由提供一定的物质基础和实现的依据,自由即可得见。而许多事物在我们思维中固有形态受到了太多的束缚,唯有借助自由的想象才可改变。

高迪的艺术风格在奎尔公园规划设计中如鱼得水,可谓发挥得淋漓尽致,将建筑、雕塑、色彩、光影、空间以及大自然环境融为一体。他在对待和处理设计对象的时候,与布劳德本特(G. Broadbent)在《理性与功能》中说的不同,似乎在行动之前"不对事物进行透彻、冷静的和明确思考",也不会"将逻辑的思维应用于每一种情况",常常牺牲了自发性、直觉、感觉或者其他"人类"的冲动。因此,他表现出来的东西给人感觉是一种自发性的、直觉的、感觉上的或者是一种"人类的冲动",这便是其独有的创新精神所在,这是高迪的作品中一个最重要的特点。自由、感性、灵感、细致、华彩,所有这些词语都不足以说明高迪对于设计形态的独创性。直到现在,高迪的作品,其设计高度和艺术价值都是难以超越的,设计形态且不具有现代意义上和工业化的可复制性。

屋顶高低错落,墙面凹凸不平,到处可见蜿蜒起伏的曲线,公园宛如波涛汹涌的海面,富于动感。扭曲的线条,强烈的色彩,充满自然主义的现代艺术品。他的很多对形态的塑造方法来自自然界,来自对生物、人体骨骼的研究。比如他的另一件作品米拉公寓,屋顶上面一些的烟囱和通风采光装置处理成类似人的面具,或者螺旋线,类似某种生物的自然形体。在高迪的后期作品中他将对形态的推敲和研究与手工艺技术相结合,包括对于公寓铁质的门、扶手设计。其实,高迪对形态与材质、细部造型的结合,包括手工艺技术的重视一直贯穿于其整个创作中。

即使是这些似乎来自另一个星球的设计,到处闪烁着灵性的光芒,要想把理想的感觉成为现实,必须借助于理性思维最终实现。每一个形态、每一个元素、每一处设想如何能生成这样一个完整设计,并带有独特风格特征的设计,就需要纳入可用于建造的工程体系,这就是所谓的"理性的捆扎"。将事实所需的一切做好准备,将这些带着灵性的形态元素放在适合的地方,代替僵硬的形状,将形态自身捏塑成为必要的功能体(比如龙座椅既是女儿墙的部分,也形成了巨大的座椅),

所有这些,才能将高迪的构想从脑海中变成现实,才能得以一直伫立在人类的视线内。

　　景观形态的设计,理性思维的基础归根结底是感性,人们通过感官接收到的所有信息形成感性认识,理性思维在这里的职能主要是将感性所获得研究对象的信息情报、事实资料、现象知识等进行整理处理。设计的过程中,整体的处理成为系统的组织,保证了设计的有效性和可实施性。这一理性的"捆扎"可以包含以下几方面:

　　第一,自由的感性创造;

　　第二,创意形态的基本指向;

　　第三,对各种形态的约定关系分析;

　　第四,比选确定的结果作理性的捆扎;

　　第五,系统、科学的程序组织和成果输出。

第四章
景观空间创意设计的基本方法

第一节　景观空间设计的基本法则

一、对比与变化

对比是指互为衬托的造型要素间存在的差异因素,给人视觉上的冲击力,造成不和谐的感受,主要表现在量(大小、多少、长短、宽窄、厚薄)、方向(纵横、高低、左右)、形(曲直、锐钝、线面体)、色彩(黑白、明暗、冷暖)等方面。类似是组合相近或相关的景观要素,给人视觉上的统一,构成完整和谐的氛围,与它有相同作用的形式美表现手法还有对称、均衡、相似、调和。就形式美而言,两者都不可缺少,对比可以借彼此之间的烘托陪衬来突出各自的特点,类似则可以借互相之间的共同性以求和谐。

对比具有对立、强烈、生动、活泼的性质,在提高和调整视觉效果上起着很大的作用。没有对比会使人感到孤单,过分强调对比也会给人强烈的刺激,还可能失去相互之间的协调,造成彼此孤立。所以要处理好两者的相互关系,无论是对比还是类似都应该具体情况具体处理,设计的本质是解决问题,一定要有针对性。

变化指在环境艺术设计中造型元素的形状、色彩、肌理等具有差异性,变化是局部的。

对比与变化只限于同一性质的差异之间,如大与小、曲与直、虚与实以及不同形状、不同颜色、不同质地等。在景观空间设计中,无论是整体还是局部,单体还是群体,为了求得统一与变化,都离不开对比与变化手法的应用。

二、整体与统一

景观既包括自然存在的景观,也包括经过人类改造的景观,景观包含了建筑因素、环境因素、社会因素以及能被人们视觉感觉得到的形体、心理感受等因素。景观设计作为一门在艺术和营造设计之间搭起桥梁的学科,具有艺术哲学属性和自然社会科学属性。设计景观是存在差异性的,试图用一些标准来衡量改造是否成功有一定的局限。实践中反而会被所谓的"标准"束缚手脚。

研究景观的差异性与设计平衡的目的是不做"无差别"景观。怎样才算达到了平衡?需要先分析平衡的主要因素,哪些因素发展"过头"了,哪些尚处于"萌芽"阶段;再对"整体因素"和"局部因素"作具体分析;最后提出一种强化原创意识,鼓励激发思维活力的思考方式,从根本上努力解决"无差别"类似景观、无新意景观等一系列浪费资源的景观。要在这种过程中寻找差异性,平衡一系列积极的因素和妥协的因素。

"整体"的过程需要贯穿首尾。分析理解环境,深刻感悟环境,在设计之初应有一个整体的构思并且能贯彻设计过程的始终。这就需要我们强调设计的各个阶段、各个领域的有机联系的整体思维模式。理解理念初衷的统一、形式审美的统一、整体空间的统一、整体风格的统一、整体流线的统一、材料手段的统一。景观设计师应该培养不同空间尺度在不同层次工作领域的整体连贯性思维。

"变化"得是否好,要看是否适度,是否在统一里寻找变化。一般认为变化既要大胆又要心细,"大胆"就是在充分理解环境的基础上,不要过多怀疑作品没有"实践过"的心理障碍;"心细"就是要为好的设计作品提供社会支持与技术支持。变化需要从一些最适合这个地区的假想中、感悟中提炼,就是所谓的"灵感"中提炼,不必过多地在已经完成的优秀作品中寻找影子,要讲究原创性。音乐好听绝不是模仿出来的,而是感悟中的提升。要意识并牢记于心的是:创造性的东西才是有价值的。

三、尺度与体量

每一种材料,不论是天然还是人工的,从形成到运输使用,都有尺寸要求。块体的大小以及材料使用数量的多少常是按建筑装饰市场尺寸要求及设计效果进行制作的。因此,在设计上,不同尺寸材料的使用及使用数量的多少在效果上会产生不同的影响。

材料尺度不同,产生的空间大小不同。块材使用数量多,则体现空间伸展。块材使用数量少,则体现空间收缩、变小。

四、渗透与延伸(过渡)

在景观设计中,景区之间并没有十分明显的界限,而是你中有我,我中有你,使景物融为一体。景观的延伸常引起视觉的扩展,如将墙体的材料使用到地面上,将室内的材料使用到室外,互为延伸,产生连续不断的效果,给人以不知不觉中景物已发生变化的感觉。

五、分割与穿插

分隔与穿插是景观空间设计的一组基本法则,景观设计中常用的空间分隔手段有以下六种:以地形地貌分隔空间;利用植物材料分隔空间;以建筑和构筑物分隔空间;以道路分隔空间;曲折增加空间的深远感;透视原理的利用增加空间的深远感。

(一)以地形地貌分隔

对于地形的创建,宜因地制宜、因势利导地利用地形地貌划分空间。利用山丘划分空间是实隔,须注意开辟透景线。用水分隔空间是虚隔,可望而不可及,因此在水面上要设堤或桥。

(二)利用植物材料分隔空间

在自然式园林中,利用植物材料分隔空间,尤其利用乔木、灌木分隔的空间可不受任何几何图形的制约,随意性很大。

(三)以建筑和构筑物分隔空间

在古典园林中习惯用云墙或龙墙、廊、架、假山、池桥、亭、堂、阁等及它们的组合形式分隔空间。

(四)以道路分隔空间

在园林内以道路为界限划分成若干空间,每个空间各具景观特色,道路又成为联系空间的纽带。

(五)曲折增加空间的深远感

"景贵乎深,不曲不深。"其中幽深是目的,曲折只是达到幽深的手段。

(六)透视原理的利用增加空间的深远感

设计道路时,可采取近粗远细,使人产生错觉,短路不短,加强聚景效果;运用空气透视的原理,让远处的景物色彩接近天空的色彩。

六、节奏与韵律

韵律的基础是节奏,节奏的基础是排列。具有良好的排列称为具有节奏感,同样,具有良好的节奏,人们一般称之为具有韵律感。韵律和节奏在环境景观的竖向设计和平面设计的形态中有多种多样的变化和体现。形成任何节奏和排列都是有间歇的相互交替。间歇是指过渡性空间,例如柱与柱的间距、道路灯的排列关系。在景观的处理上,节奏包括铺地中材料有规律的变化,灯具和树木以相同间隔排列。

七、引导与示意

引导的手法是多种多样的。如公园的水体,水流时大时小,时宽时窄,将游人引到公园的中心。示意的手法包括明示和暗示(暗喻)。明示是指采用文字说明的形式,如路标、指示牌等小品的形式。暗示是可以通过地面铺装以及树木有规律的布置形式指引方向和去处。

八、材质与质感

材质天生具有不同的感观与触感,不论是天然材料还是人工材料,质感不同均会产生不同的感觉。材料的质感在视觉和触觉上同时反映出来。因此质感给予人的美感中还包括快感,比单纯的视觉感受还胜一筹。质感表现在景物外形的纹理和质地两个方面,纹理有直曲、宽窄、深浅之分,质地有粗细、刚柔、隐显之别。材料手感的软硬糙细,光感的浓暗鲜晦,加工的坚松难易,持力的强弱张弛……这些特点调动起人们在感知中视觉、触觉等知觉活动以及其他诸如运动、体力等感受的综合过程。这种感知过程直接引起人们对物质材料的感觉,如雄健、纤弱、坚韧、温柔、光明、晦涩等。

(一)特殊感

材质质感的不同,常产生强调特殊的感觉,使人注意重点观察。如地面铺设光面石材,其间有规律地拼入相同材料的毛面石材,虽然材料不变,但质感的变化,除带来特殊感受之外,还引起人的关注、重视。抛光平整的石材给人以坚固凝重感。纹理清晰的木质竹质材料给人以亲切、柔和、温暖之感。毛石的质地给人以粗犷豪放感。放射性较强的金属质地给人以冷漠、高贵和时代感。织物如毛麻、丝绒、锦缎与皮革等质地给人以柔软、舒适、华丽之感。在室内设计中,应很好地运用材料的相关特性,根据不同使用目的进行材料的选择,如卧室地面材料应选择亲切温馨的木质地板。在公共场所应选择大气的、坚硬耐磨易清洗的石材地板。

(二)冷暖感

除色彩外,质感的变化也会带来冷暖的感觉变化。质感的冷暖表现在身体的触觉上。一般在坐卧等处都要求材料有柔软且温暖的质感。光面质感给人冷、静的感受,如金属、玻璃、大理石等虽然是高级材料,但用多了会给人冷漠感。材料在视觉上由于色彩的不同,冷暖感也不同。如红色花岗石虽触感冷,但是视觉效果还是暖的。质感变化带来冷暖感在织物布艺上体现最为明显,如白色羊毛虽触感暖,但视觉效果却是冷的。因此,选择材料时,两方面的因素都要考虑到。如镜面不锈钢与亚光不锈钢材料的交替运用,也是在强调质感不同给人带来的感受变化。木材具有独特的优势,它比织物冷,比金属、玻璃却暖;比织物要硬,但是比石材又软。它既可以作为承重结构,又可以作为装饰材料,而且便于加工,因而广泛应用于艺术设计中。

(三)粗糙与光滑感

表面粗糙的材料有石材、未加工的原木、粗砖、磨砂玻璃、长毛织物等。光滑的材料有玻璃、抛光金属、镜面石材、釉面陶瓷、丝绸等。同样是粗糙的质地,不同的材料有不同的质感。如粗糙的石材壁炉和长毛地毯的质感是截然不同的:一硬一软,一重一轻,后者比前者有更好的触感。光滑的金属镜面和丝绸的质地也有很大的差异,前者坚硬,后者柔软。

(四)软与硬的触感

许多纤维植物都有柔软的触感,如羊毛织物虽可以织成光滑或粗糙的面料,但摸上去很舒适。棉麻为植物纤维,它们都耐用而且柔软,常作为轻型蒙面材料或窗帘;化纤织物虽然品类繁多,易于保养,价格低,防火性能也好,但触感不太好。硬的材料(如砖石、金属、玻璃)耐用且耐磨,不变形,线条挺拔,而且硬质的材料多数有很好的光洁度和光泽。

(五)光泽与透明度

许多经过加工的材料有很好的光泽度,如抛光金属、玻璃、石材等。光泽表面的反射作用能扩大环境的空间感,同时反射出周围的物体,是活跃环境气氛的最佳选择。而且,光泽的表面易于清洁。透明度是材料的另一个重要特征。常见透明、半透明的材料有玻璃、丝绸、有机玻璃等。利用透明材料可扩大空间的广度和深度。从空间感上来说,透明材料是开放与轻盈的,而不透明材料是封闭且私密的。

(六)弹性

之所以人们感到走在草地上比走在混凝土地上舒服,坐在沙发上比坐在硬板凳上舒服,是因为弹性材料的反力作用,这种作用是软质或硬质的材料都无法达到的。弹性材料包括竹子、藤、木材、泡沫塑料等。弹性材料主要用于地面、桌面、坐面等。

(七)纹理

材料有水平的、交错的、曲折的自然纹理,对其善加利用会使之成为环境中的亮点,如藤木既舒服又美观,还是自然材料。

九、色彩与视觉

色彩属于视觉艺术,景观环境色彩的组合应以满足视觉需求为原则。视觉需求是一个不断变化发展的因子。同时,也有相对稳定的一面。视觉需求相对稳定的一面是指人们的色彩观念常受到理性文化传统的影响,这种观念与当地文化、风俗习惯、宗教信仰密切相关,不易变更。色彩心理学分析了这一现象的原因:"色彩观念的这种相对稳定性是由于多次欣赏了某些色彩,神经通路在大脑皮层上日益加深,便形成了牢固的暂时的神经联系而造成的,这种审美无惊奇感,但习惯欣赏的东西是从内心欢迎的,故而产生愉快的感情。"

景观环境景观色彩组合大致有两种。

(一)类似色的组合

色轮上 90°以内的色彩相互组合,这些色彩在明度和纯度上有所变化。如景观环境中树木和草坪,不同种树木的不同纯度和明度的绿色组合属于类似色的组合。这种色彩组合较素静、柔和,但易造成单调感。

(二)对比色的组合

色轮上相距 120°的色彩组合形成对比色的组合。景观环境中自然色彩与人工色彩可形成对比色的组合。这种色彩组合给人的感觉鲜明、强烈,往往达到较好的景观效果,但也要防止过分强烈,造成跳跃、不统一感。此外,在景观环境、景观色彩组合时,还应考虑到色彩与地域环境的关系以及设计景观色彩组合时应注意色彩数量以少为好,并应有主调和配调之分。同时,还可以利用带有某种色彩倾向的灰色,如蓝灰、黄灰、米灰等色,易于与其他色彩组合,并辅助鲜明色彩,烘托主题。

现代景观设计早已走出了私家的庭园,面向更广大的人群。游赏者的视觉、感知是景观中重要的考虑因素,色彩不仅仅是视觉上的冲击,也是一种心灵的触动。

第二节 平面与竖向空间设计法

一、平面空间设计

(一)道路路网设计

道路类型基本可以分为三种:主路、支路和小径。按等级划分的道路网络可以根据用途和重要性的不同,提供不同的路线。

主路截面宽度通常显著高于次级道路,而且路面材料更耐久(通常步行道和自行车道都是如此),使用特别的材质和室外家具。在功能使用要求复杂的大型室外空间中使用按等级划分的道路网络是很明智的。如果相关的影响要素(外在目的地、使用要求,等等)基本同等重要,那么就宜采用均衡的道路网络。不完全的等级划分控制了运动流向,使得主路效率更高,而与主路并置的分支小径网络作为补充,隐蔽独立地开发出自己的区域。

高质量的道路也在于它产生或保留的供人们体验的有用空间的可能性。这也就是为什么道路通常会沿着场地边界设置。因为这样线性的运动(通道)和场地的使用(比如休息和游乐区域)之间的相互影响会被减到最小,大片的面积能保留为连贯的单元。同时,场地的边缘也因为从其侧边通过的道路得到了加强。

斜线道路对小尺度的场地非常不适宜,因为斜线划分出来的小尺度地块很难被利用,空间形态具有不适宜的强迫性。从园艺的角度看,尖锐促狭的角落很难维护(比如割草)。因此很快也会失去吸引力。如果斜线道路无法避免(因为目标点位置或者边界不能挪动的原因),至少要调整道路,使之与边界正交。

1."不经意地"行进

对于台地和山坡,因为山体绵延很长,不容易看出清晰的山势走向,我们很容易识别坡底、坡顶或者山脊的线条。这些线条在地形中是特殊的,因此也就具有了线性路标的作用。"不经意地"行进意味着努力寻找一种行进的方法,尽可能在不经意间维持平稳的步伐,既节省体力,又舒适自然。我们只需要最少的精力关注道路本身,比如道路表面,我们下一步应该踩在哪里等问题。只有当我们无须集中精力于我们脚下的每一步时,我们才能把注意力转向沿途的景象,比如沿途优美的风景、下一个路标、树林边的小鹿等。

人们倾向于绕过横亘在前进道路上的高程障碍。如果实在绕不过去,就会选择一条高程变化尽量少的道路,一条上升、下降坡度最平稳的路线。同样的倾斜度下,凸起的山坡看起来似乎是比下沉的谷地有更大的一个障碍。或许是因为斜面往下沉时,行进的方向和路径表面仍然可以辨识;而在穿越凸起的山坡时,在上坡阶段,目的地和行进的路线都会暂时不可见。

为了避免在坡地行走时"失去平衡"的不舒适感(路面与人体轴线不垂直),人们会本能地在坡地中寻找水平的路段。如果没有更舒适平缓的路线,人们就会找出切过等高线上的最近的、可利用的落脚点向上攀登。对于长而陡峭的山路,人们希望找出一条最节省体力的路线。因此,人们常常在爬一段山路后就转个小弯,调整一下呼吸。而且,坡度越陡,每一次转弯调整的间隔就越短。

2."被破坏的"轨迹——道路的原型

在原本没有路的地方,人们常常通过走过的轨迹使路面遭到破坏,形成道路的雏形。利用现有的、被人踩出来的路径,也就是人们经常走的路径,是我们选择道路的重要依据之一。"人是群居动物""从众效应"。任何一个好的通道设计都是建立在目标分析基础之上的,一定要对现存的景观节点或者是必须要保留的节点进行评估,还有那些必须设置于敞开空间之中的节点,建立视觉联系和设置路标都是"积极控制"的手法。视觉联系有利于激发前行。在中途设置有吸引力的节点(相关的景点、有趣的空间等)更会激发人们沿着设计道路前行,或者在不知不觉中引导人们改变运行方向。路标明确标志出道路路线。路标可以统一表面材质、道路轮廓(微地形)、道路宽度以及沿路的标志(比如特有的地形、优雅的路旁树阵)。

道路对景观的影响主要并不在道路本身,比如路面铺装,而在于步移景易——通过道路设置,把沿途的景观逐一呈现在人们面前。道路引导着视线,把游者的注意力引向"景点"。道路把空间呈现给游者,指引我们"如何阅读"周围的环境质量。景观设计对道路的功能要求不受天气影响,比如雨后不会留下水洼,而且便于使用,断面不能过陡,或者起伏太多,路面要适于行走。对现状景观特色的合理处理道路,关注并控制着运动。因此,正确地通过或者避开一些步行敏感区域,比如自然保护区域、植被生长茂盛的草坪等,对于保护现状景观非常重要。

成功的道路系统设计总会在行进途中设置许多有趣的节点,并且让人们明确地感到在去往目的地的途中,得到了有力的支持。沿途插入的歧路越少,留给游人游览的景点越宜人,简洁、少分支的路线也可以看作是对前进这一活动的约束——"积极控制"。在此,中途设置的节点起到了非常关键的作用——它让游人不时感到"这一步已经做到了""已经达到分段的目的地""离目的地越来越近了"。使人们乐意沿着现在的道路走下去。

道路宜间接引向目标,微微偏离通往目标的直线,不要让目的地一目了然,降低人们抄近道的欲望,可以在中途设置一些有吸引力的节点,如座椅、景点、特色植物,这样避免人们直接奔向目的地——"积极控制"。

3. 无明确目的地的运动

尽快到达目的地并不总是主要目的,也有一些目标点之间的松散联系。道路设计并不强调尽快到达目的地,而是强调过程。无明确目的地的运动类型包括远距离、贴近自然的徒步旅行,低强度、"透透新鲜空气"的散步,最简单随意的是在城里闲逛,看风景,也被别人看成风景。无明确目的地的运动需要积极地控制。所有的户外活动者,即使本意只在运动本身,比如慢跑,也会被沿途的路标和特色景观——中间节点所吸引;有意或无意识地,这种吸引会引导人们选择继续原来的方向或者偏离原来的方向。沿途的节点设置对无直接目的地的运动非常重要,它们能有效地强化运动过程的体验,并提供各种特色,如可停顿的地方、运动场、视觉联系等,提高了沿途景观质量。在很大程度上,好的道路系统的质量在于沿途迷人的景观节点的数量。

4. 路线和视觉联系

目标明确的道路要求尽快到达目的地。因此,当场地水平的时候,道路呈一条直线,如果遇到起伏地形也会尽量选择平稳的路线。对整个道路的感知区域主要受目的地的引导。直线形道路的"自动"感知区域——能清楚感知的视觉通道:上下大约各 15°、视角范围 30°~35°。这并不适用于没有明确目的地的道路。道路线形的转换带来了沿途景观的不断变化。在道路上行进的过程成为阅读沿途开放空间的过程。沿途丰富多彩的风景大大地提高了行进过程的吸引力。曲线形道路的感知区域——通向丰富多彩的景观。

曲线道路的设置切忌只关注于道路本身的形式,道路的线性一定要根据实际地形和相关的景观要素(沿途吸引人的视觉联系)确定。水平面上无缘无故的"蛇形"道路会让人感到武断、恼人、厌烦。它们违背了人们本能的活动规则,必然导致场地因人们抄近道而被破坏。没有景观控制的曲线形道路,结果都被抄近道的人们破坏了。曲线形道路结合开敞的景致,曲线随视觉联系和视线约束而定,寻求与道路周边可能和必需的融合。

让路面下沉是一种古老而自然的路标。在水平面上道路应该略微下沉。即使只下沉 5~15 厘米也意味着让使用者明确地感到不用离开现在的路线(道路)。而且沿途的植栽、座椅或围墙的设置以及路灯的安置通过对微地形的强化也有助于加强方向感。

典型的柱廊式林荫道是由柱状或是锥状的树种间隔一段距离种植而形成的。柱廊会激发出一种近乎庄严的情绪,因而更具有"公共性"的特征。树冠宽度足够大时便会产生贴近天空的空间——拱廊。这种空间特质是安静、安全、私密的。选择适当的树种,由此形成的拱廊空间会有更细微的气氛差别,如敞亮或是幽暗,深绿或是浅绿的阴影,光点或是暗斑的区域,等等。

5. 道路节点设计

城市道路是以网络形态分布于城市区域内的地面交通设施,由于道路的功用不同以及地域的差异,各道路间的交叉和连接方式各不相同。节点是道路的交叉点或连接点,道路在自然状态下的交接方式是在同一平面下的直接衔接,从而形成了节点区域。

道路节点指交叉路口、交通线上的变化点、空间特征的视觉焦点(公园、广场、雕塑等)构成道路的特征性能标志,也往往形成区域的分界点。根据《城市道路交叉口规划规范》,平面交叉口范围应包括构成该平面交叉口各条道路的相交部分和进道口、出道口及其向外延伸10~20米的路段所共同围成的空间;立体交叉规划范围应包括相交道路中线投影平面焦点至相交道路各进出口变速车道渐变段,及其向外延伸10~20米主线路段间所共同围成的空间。城市道路节点是城市道路网络的重要组成部分,是城市道路交通中的枢纽部位。它所具有的交通特征与路段相比既有相同的地方,也有许多不同之处。其设置的合理与否直接关系相关线路乃至整个路网交通功能的发挥。研究道路节点空间景观设计对于提高城市道路节点空间的环境品质、获得公众更广泛的认可,以及实现经济效益和社会效益具有十分重要的意义。

道路节点空间的景观及绿化设计应考虑如下三个方面的因素:一是,基于安全性要求,道路节点空间尺度设计是道路设计的基础,关系着千家万户的命运。二是,基于合理性要求,将城市道路节点空间作为城市的外部空间,它的主要特点与道路紧密相连,承载着交通空间的职能。三是,基于艺术性要求,道路节点空间位于不同道路的交汇点,是人车行进过程中一个段落的起始点,起着承上启下的作用。

道路节点是"路途中"一些小尺度的特殊位置,它们意味着改变。道路节点包括穿越特定空间边界的道路和入口,联系不同高差的台阶和坡道、道路交会点以及沿途的停顿休息点。它们非常适于用在改变道路路线的位置,实际设计项目中道路节点有以下几个方面:

第一,过道和入口

道路与边界应该以适当的角度相交。如果道路需要旋转一定方向与边界相交,可以提前作适当的处理。包括提前调整道路的角度,在边界前留出一块转换空地或者使边界与道路的方向相呼应。

第二,台阶

台阶意味着强烈的指向。在台阶上下的区域应当作特殊的处理以表明方向的改变。因此,建筑边缘的台阶应当向前延伸(公共性,邀请感)或者向后退缩(私密性,限制感)。将向前延伸的台阶与建筑侧墙联系起来是一个表明主要方向,并引导转换方向的有效方式——主动控制。

适合十字路口道路节点的三种基本形态:一是没有停顿点,这是典型的道路连接点方式。二是局部放大,在拐角处形成三角形的停顿点,这不是一种良好的道路连接点方式。三是倒角形式,这也不是解决问题的办法。

第三,停顿区域

道路连接点与公路连接点不同,需要一些停顿区域。使用者在此稍作停顿,观察选择自己的运动方向。因此,连接点需要在交叉路口加宽,有足够的空间。但是仅仅加宽道路并不会自动产生一个宜人的道路连接点。所以,我们的目的是要形成一个可供停顿的区域,而且要避开主要的活动流线。比如偏置就是一个可行的办法,它避免了"无止境的"视线,产生了可停顿的区域——中间节点。

不同用处的通道交接点有不同的宽度,也就是道路宽度等级的划分。均衡的通道交接点联系上或分流出相同等级的道路,不同宽度的通道连接在一起使得交接点有更明确的方位指引,不同的形状区分出更重要(主要方向)和次级的通道,暗示了次要的可达目的地。

如果运动流线与线性构筑物(道路,空间边界等)相交角度不是自然的正交,运动流线就会自动导向开放的"钝角"一侧。仔细观察三岔路口的方向、停顿点、运动流线、道路等级,最适于设置长凳和树木的地方以及道路交叉点区域的影响。

停顿区域是沿途的放大节点。从而将漫长的路径分成若干段,提供了沿途的休息区,不会使人感到脱离了道路的走向,脱离新奇往来的事物。停顿区域不是简单地贴在路边,而应该是从道路的某些位置可以看见。如果某些区域需要独立出来(比如围合的儿童游戏场),也不应该是路边随意的一块场地,而应该明确地限定出来,并有自己独立的通道。

在开放空间中,长凳就好比"砌房的砖",作为运动的补充,提供了明确的休息停顿的场所。室外座椅的设置必须与周围环境相结合,且有三个重要的标准:安静的环境(座椅区),可观之物(比如有清晰视点可以看见繁华的城市广场、引人注目的景观、邻近的道路等),安全的背景依靠(靠近围墙、树篱、高灌木、露台等)。沿途设置的室外座椅不应"在路中"。例外的情形:在足够宽的道路中间,室外座椅能够形成自己的安静区域。也最好在路边凹进一点,形成一个座椅"避风港"。最好在座椅前留出30~60厘米的空地。同时也推荐在座椅背后种植保护性的背景树(虽然由此需要加宽路面)。停顿区域的座椅以适当角度设置以创造出更宜于交流的环境。

(二)空间序列设计

空间序列是一些连续的、独立的空间场所,它们之间以通道相连,人只能感受其中的一个空间。空间的等级是若干空间层层相套,人同时能感知几个不同类型、不同强度的空间边界。

第一,在空间序列的设计中应该增加时间概念,把三维拓展到四维,使多个空间在使用的过程中顺序逐一展开。

第二,在从一个空间到另一个空间的转化中,需要考虑各空间的界限和分隔方式;需要考虑相邻空间之间的彼此引导、暗示、呼应、对比;需要考虑整个空间的起承转合和空间高潮的塑造。

第三,在别墅空间序列中起居室通常是高潮,可通过在高度、光线、装饰、开敞程度等方面的变化突出其在空间和心理感受上的重要性,并使多个与起居室相连的房间与之形成对比。

二、竖向空间设计

(一)利用场地高差塑造空间

在景观设计中,地面的高差处理在很多情况下是整个设计的精彩和个性所在。同样,在实际的景观设计工作中,对完全平整的土地进行设计的概率是很小的,或多或少的,场地中都会有起伏甚至有很大的落差。所以说,一处场地,除了它周边建筑性质的影响,最容易做出点睛之笔的手法就是依照场地原高差来设计。一处典型的例子是西雅图的奥林匹克雕塑公园。为了处理城市道路到滨水之间多达十几米的高差,设计师利用一个完整的"Z"字形将三个割裂的空间连为一体,将高差和割裂的空间化解于无形。

(二)利用植物塑造空间

1. 植物空间的营造

在现代景观设计中,植物空间的营造首先要考虑生态功能,模拟自然界植物群落空间进行营造,其次要采用一定的艺术手法进行合理配置。在植物空间的生态化营造方面,有乔灌草藤相结合以及群落多样性与特色基调树种相结合的手法;在植物空间的艺术化营造方面,要注意植物空间的对比与变化。"柳暗花明又一村"形象地表现了园林中通过空间的开合收放、明暗虚实等的对比,产生多变而感人的艺术效果,使空间富有吸引力。此外,在园林中,常利用植物材料来分隔和引导空间。

2. 利用植物分隔空间

在现代自然式园林中,利用植物分隔空间可不受任何几何图形的约束。若干个大小不同的空间可通过成丛成片的乔灌木相互隔离,使空间层次深邃,意味无穷。在规则式园林中常用植物按几何图形划分空间,使空间显得整洁明朗,井井有条。其中绿篱在分隔空间中的应用最为广泛,不同形式、不同高度的绿篱可以达到多样的空间分隔效果。不同植物空间的组合与穿插,同样需要不同的指引手段,给人以心理上的暗示。利用更具造型的植物来强调节点与空间,可达到引导和暗示的作用。

3. 植物空间的渗透与流通

园林植物通过树干、枝叶形成一种界面,限定一个空间,通过在界面的不同处疏密结合,添入透景效果,形成围、透空间。人走其中,便会产生兴奋与愉悦的感觉。相邻空间之间呈半敞半合、半掩半映的状态。空间的连续和流通等,使空间的整体富有层次感和深度感。一般来说,植物布局应讲究疏密错落,在有景可借的地方,树应栽得稀疏,树冠要高于或低于视线,以保持透视线,使空间景观能够互相渗透。总体来说,园林植物以其柔和的线条和多变的造型,往往比其他的造园要素更加灵活,具有高度的可塑性。一丛竹、几树柳,夹径芳林,往往能够造就含蓄而灵活多变的、互相掩映与穿插流通的空间。

(三)利用挡土墙改变空间

挡土墙是防止土坡坍塌、承受侧向压力的构筑物,是园林中常见的一种市政工程。它在园林中被广泛用于房屋地基、堤岸、路堑边坡、桥梁台座、水榭、假山、地下室等建筑工程。在地势变化较大的山城中尤为多见。挡土墙常采用砖石、钢筋混凝土等材料筑成。挡土墙的设计首先要考虑确定作用于墙体背上侧向土压力的性质、大小、方向和作用点,满足功能的需求。以往挡土墙完全"工程化",形成阴沉沉的高墙铁壁,单调乏味,使人产生压抑感,视觉效果和景观效果很差。随着人们环境意识的增强,园林旅游事业的迅猛发展,环境效益日见显著,无论城市还是在自然风景区,挡土墙等工程化构筑物打破了以往界面僵化所造成的闭合感,充分利用周围各种有利条件,巧妙地安排界面曲线及界面饰物,进行艺术性设计和艺术性装饰,将它潜在的"阳刚之美"挖掘出来,设计建造出满足功能、协调环境、有强烈空间艺术感的挡土墙。

(四)利用地形改变空间

地形能够影响人们对户外空间范围和气氛的感受。斜坡和地面较高点能够限制和封闭空间。户外空间也能影响一个空间的气氛。平坦、起伏平缓的地形能给人以美的享受,而陡峭崎岖的地形极易在一个空间中造成兴奋和恣纵的感受。一个人站在平坦地面上比站在斜坡上感到更安全、更轻松,站在斜坡地面时站立者感到不舒服,并不断滑动。地形可影响可视目标和可视程度,可创造出景观序列或"景观层次",或彻底屏障不悦目的因素。地形完全可以影响观赏者和所视景物或空间的高度和距离关系。

地形也可以利用许多不同的方式创造和限制外部空间。空间的形成可通过如下途径:对原基础平面进行挖方,以降低平面;或在原基础平面上添加泥土,进行造型;增加凸面地形上的高度,使空间完善;或改变海拔高度,构筑成平面;或改变水平面。

(五)景观施工图竖向设计

竖向设计是一项细致而烦琐的工作,设计和调整、修改的工作量都很大。但不管是用设计等高线法或是用纵横断面设计法等进行设计,一般都要经过以下一些设计步骤。

1. 资料的收集

设计进行之前,要详细地收集各种设计技术资料,并且要进行分析、比较和研究,对全园地形现状及环境条件的特点要做到心中有数。需要收集的主要资料如下:

第一,园林用地及附近地区的地形图,比例1:500或1:1000。这是竖向设计最基本的设计资料,必须收集,不能缺少。

第二,当地水文地质、气象、土壤、植物等的现状和历史资料。

第三,城市规划对园林用地及附近地区的规划资料、市政建设及地下管线资料。

第四,园林总体规划初步方案及规划所依据的基础资料。

第五,所在地区的园林施工队伍状况和施工技术水平、劳动力素质与施工机械化程度等方面的参考材料。

资料的收集原则是:关键资料必须齐备,技术支持资料要尽量齐全,相关的参考资料越多越好。

2. 现场踏勘与调研

在掌握上述资料的基础上,应亲临园林建设现场,认真踏勘调查,并对地形图等关键资料进行核实。如发现地形、地物现状与地形图上有不吻合处或有变动处,要搞清变动原因,进行补测或现场记录,以修正和补充地形图的不足之处。对保留利用的地形、水体、建筑、文物古迹等要特别加以注意,要记载下来。对现有的大树或古树名木的具体位置,必须重点标明。还要查明地形现状中地面水的汇集规律和集中排放方向及位置,城市给水干管接入园林的接口位置等情况。

3. 设计图纸的表达

竖向设计应是总体规划的组成部分,需要与总体规划同时进行。在中小型园林工程中,竖向设计一般可以在总平面图中表达。但是,如果园林地形比较复杂或者园林工程规模比较大时,在总平面图上就不把总体规划内容和竖向设计内容同时都表达得很清楚。因此,要单独绘制园林竖向设计图。根据竖向设计方法的不同,竖向设计图的表达也有高程箭头法、纵横断面法和设计等高线法三种方法。前面已经讲过纵横断面设计法的图纸表达方法,下面,就按高程箭头法和设计等高线法相结合进行竖向设计的情况来介绍图纸的表达方法和步骤。

第一,在设计总平面底图上,用红线绘出自然地形。

第二,在进行地形改造的地方,用设计等高线对地形重新设计,设计等高线可暂以绿色线条绘出。

第三,标注园林内各处场地的控制性标高和主要园林建筑的坐标、室内地坪标高以及室外整平标高。

第四,注明园路的纵坡度、变坡点距离和园路交叉口中心的坐标及标高。

第五,注明排水明渠的沟底面起点和转折点的标高、坡度和明渠的高宽比。

第六,进行土方工程量计算,根据算出的挖方量和填方量进行平衡。如不平衡,则调整部分地方的标高,使土方量基本达到平衡。

第七,用排水箭头,标出地面排水方向。

第八,将以上设计结果汇总,另绘出竖向设计图。绘制竖向设计图的要求如下:

①图纸平面比例:采用1∶200～1∶1000,常用1∶500。

②等高距:设计等高线的等高距应与地形图相同。如果图纸经过放大,则应按放大后的图纸比例,选用合适的等高距。一般可用的等高距在0.25～1.0oy之间。

③图纸内容:用国家颁发的《总图制图标准》(GBJ 103—87)所规定的图例,表明园林各项工程平面位置的详细标高,如建筑物、绿化、园路、广场、沟渠的控制标高等;并要表示坡面排水走向。作土方施工用的图纸,要注明进行土方施工各点

的原地形标高与设计标高,表明填方区和挖方区,编制出土方调配表。

第九,在有明显特征的地方,如园路、广场、堆山、挖湖等土方施工项目所在地,绘出设计剖面图或施工断面图,直接反映标高变化和设计意图,以方便施工。

第三节　空间界面与边界设计法

一、空间界面设计

空间是容纳人行为的场所,而界面作为空间的构成要素,它对于人的行为方式及心理感受有着重要的意义。从根本上讲,人对空间的视觉感受是从空间界面想象开始的。不同的界面形象源自不同的功能和审美要求,同时也带给使用者不同的心理感受。人作为空间的主体,其对环境的心理需求以及环境对个人行为心态的影响是明显的。

界面,从字面上看,是空间的"分界面"或"界定面",即"空间与实体的交接面"是景观空间中的一个局部要素,但它的作用是重要的,直接影响着景观空间的特征和质量。

界面以何种形式融入景观空间,又从哪些方面满足使用者的要求?简而言之,界面设计原则不外乎两个方面:其一注重对形体空间与视觉空间的直接作用——物质界面上的原则;其二表现在对人的心理、行为和文化等方面构成的行为环境的关注——精神界面上的原则。

界面的引导性与限定性原则。人对于空间的感知不仅局限于界面的具体形式,而且还能够通过更深层次的心理活动,综合视觉经验、行为经验,感知出超越界面具体形式以外的某种气氛。另外,界面设计应适应和满足人的行为模式需求,并为人的行为提供必要的暗示,以此影响人在景观空间的行为。本节将主要探讨空间界面对人行为的不同影响,其中最直接的表现形式是界面对使用者的引导与对空间的限定。

(一)界面的引导原则

界面的引导性是指在空间中运用不同的界面元素指示运动路线,明确运动方向。这些界面构成元素以其不同的形式,联系着一个区域与另一个区域,强调明确前进方向,引导人们从一个空间进入另一个空间,并为人在空间的活动提供一个基本的行为模式。引导型空间界面类似于狭长的通道空间,导向性很强。在形态上表现为各功能区之间用线性空间相连。一般通过墙面、天棚和地面形态的变化引导人的行为方式或心理感受。通过对空间界面的设计,可以引导人行进路线,由暗的到明的空间,或由狭窄的空间行进到开敞的空间,体验不同的空间感受。

1. 界面引导空间序列

景观空间序列是指景观空间先后活动的动态顺序关系,是空间在时间上的变化所引发形成的一定知觉形象。而体验这种空间需要一系列界面设计,以引导序列的开展,这种引导性的手法主要借助于人们逐渐专注的心情,以及渴望强烈刺激的欲望和精神上的期待,从心理上诱导人们探寻空间重点、高潮的部分。空间的高潮在任何情况下都不是孤立的,没有前期时间与空间的酝酿、烘托、陪衬准备,是不能形成高潮的。犹如音乐,高潮只能在序曲、引子、前奏以及对比的旋律中逐步展开,并引人入胜。根据不同空间情况,大致有以下几种:

(1)利用界面的空间围合度的变化创造不同的空间感受,空间狭小使人压抑,空间开阔使人视觉爽朗,再加上人的趋光性心理,通过界面的开合设计达到暗示行动路线,引导观者走向重点空间的目的。在我国古典园林中具有很多这样的典范。比如苏州留园,其入口部分封闭、狭长、曲折,视野极度收束,至绿荫处豁然开朗,过曲溪楼、西楼时再度收束,至五峰仙馆前院又稍开朗,穿过石林小院视野又一次被压缩,至冠云楼前院则顿觉开朗。此时,可经园的西、北回到中央部分,形成一个循环。这种通过界面疏密开合等对比手法引导人们按照一定的序列依次从一个空间过渡到另一个空间。

(2)借助于纵深的韵律感引导观者走向重点空间。常用的办法是采用柱廊或重复的拱券。连续纵深的距离越长,韵律感越强,人们期待韵律感预示的主题希望也越强烈。具有韵律感的列柱或连续拱券的重复延展有一种动态感,有一种预示空间高潮的趋向,具有明显的组织引导前进的作用。

2. 界面高差变化的引导性

一般人都感觉地坪较高的空间比地坪较低的空间要重要。即使在同一空间中,局部抬高的部分也会被认为是特殊的。坡道或台阶就是用以联系这种高低地坪的,它的指向预示着空间高潮区域的出现。利用设置踏步的方法,是一种可以起引导作用的有效措施。例如,北京故宫的三大殿高踞于三层汉白玉台栏上,太和殿的巍峨体态是在逐步登高中显露的。观者的好奇与期待情绪在循序而上的过程中逐渐加强,越是接近主体建筑,这种感觉越强烈,这一过程就是踏步引导与暗示作用的充分体现。

在纪念性园林中,常可以看到运用大量台阶营造出这种向上运动斜界面,引导人们从低处往高处攀登,与平坦的路相比,其引导与暗示性作用更加强烈。例如,中山陵的祭堂位于基地的最高处,三段式宽大的踏步引导观者拾阶而上。这一景区中,踏步位于柏松翠绿之间,竖向植物也起到一定的引导作用,整条坡道不但具有强烈的引导性,而且还起到了在观者行进的同时净化其心境的作用。因此,采用踏步作为空间的引导性界面,既属物质功能的需要,也是精神功能的需要。

3. 单一线性界面的引导

在单一的线性空间中,其空间界面的高度、宽度与纵深距离的比例关系会对处于其中的人在心理上产生纵深引力。因此起到明显地引导人流行进的作用。例如,园林中的游廊——一种狭长的空间形式,由各种界面组成的线性空间,利用其空间场的延续方向,向人们暗示沿着它所延伸的方向走下去,必定会有所发现,因此处于其中的人便不自觉怀有期待的情绪,巧妙地利用这种情绪,便可借游廊把人在不知不觉间引导到某个确定的目标,即景点所在的地方。

在这一界面要素中,还必须考虑人在连续狭长的空间中行进容易感到重复的单调,进而影响这种空间形式的引导作用。为改善空间对使用者可能产生的这种不利于空间形式发挥作用的情绪因素,可以增加界面形态上或视觉上的变化。如在传统园林中通过实墙、镂窗或廊柱甚至植物来丰富景观的界面,通过界面虚实变化及空间的转折渗透,既可调节行进的速度,甚至停下来休息,也可增添因空间变化而产生的情趣。以此调节通行其中的人的情绪,增强狭长空间的引导作用。

(二)界面的限定性原则

空间场所形成的关键因素是一定的空间维护体的确立。不同形态的空间界面可以限定出不同的空间,使人产生不同的心理感受和空间感受。所谓空间的限定性是指利用实体元素或人的心理因素限制视线的观察方向或行动范围,从而产生空间感和心理上的场所感。界面的限定性大致分为以下几种形式。

1. 实体界面的限定性

实体界面作为限定景观空间的常见方式。用实体如墙等限定的场所具有确定的空间感和内外的方位感。以实体界面限定空间,完全阻断视线,其在空间组织上的主要功能就是保证空间的私密性和完整性。

2. 虚体界面的限定性

以虚体分隔,也能对空间场所起到界定与围合的作用,利用人固有的心理因素,界定一个不定位的空间场所。这里所说的虚体是指可使视线穿透空间限定体。如廊柱所形成的虚体界面,各种形态的柱、玻璃或绿化等。利用虚体限定空间,使空间既有分隔又有联系,由于空间界面在一定程度上并不完整,视线并未受到完全的阻隔,空间便显得灵活而有情趣。同时还能增强空间的渗透性。利用这一原理,通过不同的虚体元素对空间加以限定和分隔,可以创造出丰富的空间层次变化。

(1)利用线性的柱体限定空间。柱体作为线性因素参与空间的构成,可以柔化过渡空间。威尼斯圣马可广场矗立于岸边的两根花岗岩石柱的运用就是一个利用虚体限定空间形成虚质界面的典范,顺着庇阿塞塔广场(圣马可广场内的小广场)左侧的总督府和右侧的斯卡莫奇图书馆美丽的立面,游人的视线被自然地引向宽阔的海面。两根石柱使相对狭小的广场与宽阔的海面之间的过渡变得柔和而富有层次,不会因两侧建筑立面的戛然而止使空间层次发生骤变。当人们的视线落到两根柱子上时,两根柱子大大收束了广场的外部空间,为广场空间带来视觉与心理上的充实感,其作用表现为对视线的限定和空间的界定。而当视线从柱子之间穿过时,由于柱子与人的距离较近,视线在穿过柱子后仍然能形成一个宽阔的视域,感受到海洋与天空的广阔,与庇阿塞塔小广场空间形成强烈对比,彼此相得益彰。

(2)利用镂空界面限定空间。在中国传统园林中,常采用镂空墙体限定空间,并且创造出丰富的空间层次变化。镂空实际上就是透过门洞或窗口去看某一景物,使景物若似一幅画嵌于框中,由于是隔着一重层次去看,因而显得含蓄而深远。如果在相互毗邻的两个空间的分隔墙面上连续设置一系列窗口,这种秩序化虚体隔断将会对人的运动视觉产生更加有趣的影响。例如,自狮子林立雪堂前院复廊看修竹阁一带景物,廊的侧墙上连续开了六个六角形的窗洞,透过这些窗口摄取外部空间的图像,随着视点的移动时隔时透,忽隐忽现,各窗景之间既保持一定的连续性又依次有所变化,有步移景异之感。利用这种分隔,不但可使相邻两空间保留良好的相对独立性,也可使界定体两侧的空间得以利用其邻界空间的优势弥补自身不足。

(3)利用自然形态界面限定空间。自然形态的界面包括山石、树木、地形等,都可作为界面隔断,起到划分界定空间的作用。对于大型空间来讲,为避免空旷、单调和一览无余,又保证空间的完整性,通常可采用这种形式,把单一的大空间分割成若干较小空间。借山石地形、树木形态丰富自然,用它们限定的空间,通常都可使被分割的空间互相延伸、渗透,形成较为模糊的分界面,而以人工建筑为界面限定出的空间则彼此泾渭分明。两者相比虽各有特点,但用前者限定空间更能不着痕迹,并且会因自然形态的参与增强空间的亲切感。

(三)具有引导与限定双重属性的界面

用以限定空间和引导行进的景观元素或空间形式的属性有时是双重的,即同一元素既具有引导性又具有限定性。因此,利用这类元素所构成的空间效果比利用单一属性元素所构成的空间更加丰富而有情趣。

1. 牌楼

中国传统建筑中的牌楼作为传统的入口符号,既是引导人流进入的标志,也是完成空间分割的一种手法。因为牌楼这种建筑形式可以确立一定的领域感,这种领域感标志着进入了一个标志性空间,由于这样具有标志性形体的确立,使人在活动过程中明确自身所处方位的转变。

2. 廊

廊不仅可以用来连接各个景观空间,引导人流在不同空间中的活动,而且还可以用它来分隔空间并使其两侧的景物互相渗透,起到与虚体隔断相同的丰富空间层次的效果。如一条透空的廊子横贯于一个较大的空间,原有的空间立即产生这一层与那一层之分,随着两侧空间的互相渗透,每一空间内的景物都将互为对方的远景或背景,而廊本身则起着中景的作用。景既有远、中、近三个层次,空间自然显得深远,空间层次自然变得丰富。

二、空间边界设计

(一)公共空间的功能属性决定其边界范围

公共空间根据其承载的公共生活类型的不同而具有了不同的功能属性。公共生活的类型主要分为以下三类:

1. 大型的社会性活动

在大型公共交流空间中,人群不仅仅是通常意义上的简单观察者,在很多情况下,也成为被展示的内容之一。这类空间边界需要良好的视觉连续性与通达性,并且要有供人流停驻的设施。

2. 中型的社交生活

主要指供一些自发性社会活动的场所,如户外的聚会、展览、娱乐用的街头绿地或中心游园等。这类空间服务于部分人群,因此,边界处理要保持空间的专有性,视觉上具有一定的连续性,空间尺度适中,有多个限定性的入口。

3. 小型的交往

其空间尺度小,形式多样。边界应体现出个人与群体的私密性与领域性的平衡,通常只有一个出入口。

(二)公共空间的秩序决定边界的形成

公共空间秩序因统领空间的主体不同而分为向心性与离心性。在西欧,其公共空间的秩序延伸到住宅,公共空间是秩序的核心。这种秩序中的公共性由秩序中心向住宅递减,整个空间的秩序以公共空间为主导,表现为向心性。在日本,其住宅的秩序延伸到公共空间,住宅成为秩序的核心。这种秩序的向心性由住宅向外递增,整个空间的秩序以住宅为主导,表现为离心性。

(三)公共空间通达性决定边界的形式

1. 大型社会活动的公共空间的边界处理

大型的社会活动对应的空间类型为开放型空间。为了限定空间,边界的处理上多象征性地通过一些形体提示,利用心理完形来形成空间感。具体的边界处理手法有:

(1)设置小型点状的提示物。

(2)抬高或降低地坪的线状提示物。

(3)在地面上用不同颜色和铺装来提示空间。

2. 中型社交活动的边界处理

中型的社交活动对应的空间类型为半公共型空间。这类空间其限定的方式多为块状的,有一定高度,阻挡人流,但不影响视觉连续性。具体的边界处理手法有:

(1)设置一定厚度的围挡。

(2)设置具有一定通透度的围挡。

(3)设置多重边界。

3. 小型交往空间边界的处理

小型交往型活动对应的为封闭的内向性空间。具体的边界处理手法有：

（1）将边界处理成"阴角"的形式。

（2）将边界处理成"阳角"的形式。

空间边界能用许多不同的方法创造——统一的、固体的边界墙能用高度不同的建筑、墙体、栅栏、绿篱等建造。复合边界由沿边界线排列的不同成分组成：单棵的树、单片的灌木、曲折的建筑、一些室外家具（长凳、灯具、闪光的柱体）、石头、带状墙、一条挡土墙等。

第四节　空间场所焦点设计法

任何设计都是和已经存在场地的对话。白纸上的一个点惹人注意，它就是环境的焦点。作为观看者，我们不知不觉把这个点的位置和纸的边界联系起来。这个道理同样应用于开放空间，只有和其空间环境联系起来，每个特殊的点对环境的干预效果才是可理解的。

焦点的创造基于它们的特殊位置或它们在环境中的特色，事实上人们时刻都在寻找联系、分类现象，把现象互相"联系"起来对焦点是非常重要的。焦点在特定的空间环境中识别特殊的、非凡的区域。对照空间，作为一个独立（如果需要，可以自给自足）的现象，焦点不能放在环境外理解。它们的效果、它们的特色、它们的"命运"和环绕它们周围的环境特性不可分离，同时，它们也影响着环境。

焦点加强、改变或创造空间处境。它们定义面，浓缩含义，吸引注意力，是"吸引者"。焦点是我们运动、观看、行动时的停顿点及方位点。同时它们影响环境，激发并联系空间中的不同形体。

焦点的另一个特征是它们能被比较并描述，相比环境，它们是较大的、较小的、发光的、较暗的、较圆的、较有棱角的、较蓝的、较绿的、较隔声的、较柔软的、较有趣的、较令人兴奋的、较令人厌烦的、较清晰的、较空的、较满的等。

相比于周边的物体，焦点是非常特殊的。因此，它们的特殊性能"自动"（基于简单的几何位置）从空间的形式或从边界中（例如平台中心、统一的面、与边界平行的线、由强烈方向感联系的完美延伸）产生。同样的方法，一个特殊位置能从特殊的形态特质中突显出来。在开放的地形中，明显从环境中跳出来的是暴露的区域,例如小山顶、陡坡上的平台、特殊的地貌线(斜边、角线、脊线)和河床等。

直角之所以被称为"合适的角",不是没有理由的。和直线一样,从人类文明的黎明期在荒野劳作的时候开始,它就描绘变动的、危险的、不可预知的自然。可以预言、确定及熟悉地说,直角和直线都是以"人类的劳动"为基础产生的。直角事实上是不存在的地方,可以由想象中的参照线来寻找和确认。一个直角由两条相交的直线产生,这时方向缺少指示性,两条线的运动是均衡的。因此,直角是不同方向相遇达到的最平静的状态。与此对比的,两条线在直角外相遇导致不安、不稳定。但也产生运动和动力。

几何和形态学上的条件划定了强势区域外的焦点,这就需要设计一个清晰、坚固、具体布置的焦点,焦点的位置越远就越要如此,或让人们看到的点自动成为焦点,例如几何中心。只要一个焦点的位置仍然是清晰的,并能从环境中根据方向及位置清晰辨别出来,它就能确定(强调)它周边相关的区域,给自身分类以"服从"于环境的需要。寻找和环境的联系后,焦点加强了独立空间的整体感。

在设计中,如果不是由现存的边界或明显的参照线推断出焦点的位置,那么焦点的位置将是混乱的。为了理解(在空间中的)焦点的位置,必须更强烈地表现焦点。如果焦点及线都可控制位置,它们必须解释其位置及方向联系,在解释焦点(或线)时,空间的独立性被削弱了,空间同时在理想的、有序的系统和现存空间外的联系中存在。非常独立的焦点——大大地"削弱"了空间(及边界),加强了空间和外界的联系。

第五章
景观空间创意思维模式

第一节　景观风格流派与空间创意设计

一、景观风格流派

(一)景观风格流派的特点

1.后现代主义

后现代主义是产生于20世纪60年代末70年代初的文化思潮。它的设计特点如下：

(1)人性化、自由化

后现代主义作为现代主义内部的逆动，是对现代主义的纯理性及功能主义，尤其是国际风格形式主义的反叛。后现代主义风格在设计中仍秉承以人为本的设计原则，强调人在技术中的主导地位，突出人机工程在设计中的应用，注重设计的人性化、自由化。

(2)体现个性和文化内涵

后现代主义作为一种设计思潮，反对现代主义的苍白平庸及千篇一律，并以浪漫主义、个人主义作为哲学基础，推崇舒畅、自然、高雅的生活情趣，强调人性经验在设计中的主导作用，突出设计的文化内涵。

(3)历史文脉的延续性

后现代主义主张继承历史文化传统，强调设计的历史文脉。在世纪末怀旧思潮的影响下，后现代主义追求传统的典雅与现代的新颖相融合，创造出集传统与现代，融古典与时尚于一体的大众设计。

(4)矛盾性、复杂性和多元化

后现代主义以复杂性和矛盾性洗刷现代主义的简洁性、单一性。采用非传统的混合、叠加等设计手段,以模棱两可的紧张感取代陈直不误的清晰感,非此非彼、亦此亦彼的杂乱取代明确统一,在艺术风格上,主张多元化的统一。

2. 解构主义

解构主义兴起于 20 世纪 80 年代后期的建筑设计界。解构分析的主要方法是看一个文本中的二元对立(比如说,男性与女性、同性恋与异性恋),并且呈现出两个对立的面向事实是流动与不可能完全分离的,而非两个严格划分开来的类别。解构主义最大的特点是反中心、反权威、反二元对抗。

(1)高技派

高技派是 20 世纪 50 年代后期,建筑造型、风格上注意表现"高度工业技术"的设计倾向。高技派理论上极力宣扬机器美学和新技术的美感,它主要表现在三个方面:

①提倡采用最新的材料——高强钢、硬铝、塑料和各种化学制品来制造体量轻、用料少,能够快速与灵活装配的建筑;强调系统设计和参数设计;主张采用与表现预制装配化标准构件。

②认为功能可变,结构不变。表现技术的合理性和空间的灵活性,既能适应多功能需要又能达到机器美学效果。这类建筑的代表作首推巴黎蓬皮杜艺术与文化中心。

③强调新时代的审美观应该考虑技术的决定因素,力求使高度工业技术接近人们习惯的生活方式和传统的美学观,使人们容易接受并产生愉悦。代表作品有福斯特设计的香港汇丰银行大楼、法兹勒汗的汉考克中心、美国空军高级学校教堂。

未来主义始于 20 世纪初,20 世纪 70 年代进入空前繁荣期。世界上著名的建筑作品如巴黎蓬皮杜艺术与文化中心就建于那个时期。1969 年 7 月,美国阿波罗登月成功,更激发人类向更多未知领域进发,它象征着人类依靠技术的进步征服了自然。科技的力量助长了未来主义的风潮,艺术家们的创作兴趣涵盖了所有的艺术样式,包括绘画、雕塑、诗歌、戏剧、音乐,建筑甚至延伸到烹饪领域。未来主义在家居领域的演变,我们称之为"高科技"。

3. 极简主义

极简主义,并不是现今所称的简约主义,是第二次世界大战之后 60 年代兴起的一个艺术派系,又可称为"Minimal Art",作为对抽象表现主义的反动而走向极致,以最原初物的自身或形式展示于观者面前为表现方式,意图消弭作者借着作品对观者意识的压迫性,极少化作品作为文本或符号形式出现时的暴力感,开放作品自身在艺术概念上的意象空间,让观者自主参与对作品的建构,最终成为作品在不特定限制下的作者。

极简主义景观设计的风格特征:

(1)注重景观的有机整体性

整体的把握性是极简主义景观突出的设计特征之一。克雷的代表作品——亨利·穆尔雕塑花园设计,就是其典型的代表,其中花园与雕塑一样都用抽象、精练的形式表达了自然的活力和有机的统一。正是这种作品上的共鸣,使得这个花园从景观到雕塑成为整体的艺术品。克雷对空间整体的运动性、流畅性的把握,通过收放产生的空间自身的运动,形成了最强烈的整体关系。具体的设计语言是首先确定空间的类型和使用功能,然后利用道路轴线、景观绿篱、整齐的树阵、几何形的水池、种植池和平台等元素塑造空间,注重空间的连续性和单个元素之间的结构。材料的运用简洁直接,没有装饰性的细节。正如克雷所说,"为了得到最有机、最有力的结果,应该以满足最基本需要为原则。"当然,空间是有其微妙变化的,比如气候和季节是原因之一,植物材料和水的灵活运用和隐喻特点使得空间更具符号化代表,体现其有机的形式,这种有机是极简主义景观设计所追求的"增一分则多,减一分则少"的效果。单纯的元素个体是没有任何意义的,只有通过各种元素之间的关系和关联结构才体现出连续的纯粹之美。

(2)强调景观空间的建筑化

极简主义景观不同于传统园林设计的一个很重要的特点是强调空间的使用功能,不单纯追求静态的艺术效果。极简主义者认为景观设计师首先要使空间具有为人们提供社会公共活动的场所,而不是过分强调形式和平面构图。鉴于极简主义景观的特点,景观空间常表现出与建筑空间相通的特点,这种特点在很多时候更能够满足现代城市中居民生活的需要。比如高效、秩序的功能,适合快节奏的城市生活。建筑化的景观空间所呈现的明确方位感也使得缺乏个性的城市环境更加易于识别。

克雷始终认为建筑设计和景观设计之间没有真正的区别,他的作品是二者的融合。使得克雷的设计更贴近现代生活,既不像现代主义所表现出的无场所性,也不像早期"大地艺术"那样逃避都市文化。米勒花园是克雷极具代表性的作品,整个花园通过有趣的和未知的探索游戏,引导人们优雅地从一个空间进入另一个空间,采用了与其住宅设计相似的建筑结构秩序,运用植物材料使得建筑与庭院景观形成了空间上的连续性。其空间是清晰并具有限定性的,也是流动的,体现出了与现代主义建筑相融合的设计理念。也许正是这种开放性和对角线方向进行观赏、运动的机会,赋予这些栅格以生命力。在米勒花园中,克雷还运用树干和绿篱的空间隐喻,表示结构和围合的对比,在室外塑造了密斯式的自由建筑空间,由花园、草坪和林地成为相互串联的空间。

4. 生态设计:20 世纪 60 年代起至今

(1)从人类中心到自然中心的转变

强调保护自然生态系统为核心,以人类与生物圈和非生物圈的相互依赖、相互滋润为出发点。

(2)可持续发展

生态主义秉承了可持续发展的思想,注重人类发展和资源及环境的可持续性,通过提高对自然的利用率,加强对废弃物的利用,减少污染物排放等手段,实现能源与资源利用的循环和再生性、高效性,通过加强对生物多样性的保护来维持生态系统的平衡。

(3)把景观作为生态系统

在生态主义景观中,景观的内涵不局限于一片美丽的风景,而是一个多层次的生活空间,是一个由陆地圈和生物圈组合的相互作用的生态系统。这样的景观设计不仅要处理视觉的问题,而且要处理更大的环境,即城市环境、人类居住的环境与自然环境之间的关系问题。

(4)以生态学相关原理为指导进行设计

生态学中的整体论、系统论和协调机制是指导生态主义景观设计的根本理论。

(二)景观流派

1. 中国体系

中式庭院——泼墨山水

特点:浑然天成,幽远空灵。

设计理念:传统的庭院规划受传统哲学和绘画的影响,其审美特点是"接近自然"。以亭台参差、廊房婉转作为陪衬,这里寄托庭园主人淡漠厌世、超脱凡俗的思想,苍凉廓落、古朴清旷是其美的特征。

必备元素:假山、流水、翠竹。

(1)北方园林:北方,冬季寒冷,春季多风沙,水资源匮乏,园林供水困难较多。其特点如下:

建筑的形象稳重敦实,因寒冷和多风沙而形成的封闭感,别具刚健之美。水池的面积都比较小。

叠石为假山,规模较小。其石形象均偏于浑厚凝重。叠山技法深受江南的影响,颇能表现幽燕沉雄的气度。

植物,观赏树种比江南少。

规划布局,中轴线、对景线的运用较多,更赋予园林以凝重严谨的格调,王府花园尤其如此。园内的空间划分比较少,整体性较强,不如江南私园曲折多变。

(2)巴蜀园林:自然天成,古朴大方,以"文、秀、清、幽"为风貌,以"飘逸"为风骨,更接近民间,更直接、更真切地面对普通人生,特有一种质朴之美。其特点如下:

第一,有浓郁的文化气质,多小巧秀雅,石山甚少,水岩朴直,以清简见长。

第二,植物品种丰富,多以常绿阔叶林作天幕和背景。

第三,建筑风格倾向于四川民居。主要表现是:不拘成法的多变布局,跌宕多姿的强烈对比,返璞归真的自然情趣,浓厚的自然山水园的古朴色彩,优越的自然风景条件,丰富的构景素材。

第四,园林因山地众多,结合地势,综合运用各种手法,组织自然空间,体现飘逸、洒脱、质朴的道家精神。

(3)江南园林:江南气候温和,水量充沛,物产丰盛,自然景色优美。其特点如下:

第一,叠石理水。江南水乡,以水景擅长,水石相映,构成园林主景。

第二,花木种类众多,布局有法。江南气候土壤适合花木生长。江南多竹,品类亦繁,终年翠绿以为园林衬色,或多植蔓草、藤萝,以增加山林野趣。

第三,建筑风格淡雅,朴素。江南园林沿文人园轨辙,以淡雅相尚,布局自由,建筑朴素,厅堂随意安排,结构不拘定式,亭榭廊槛,宛转其间,一反宫殿、庙堂、住宅之拘泥对称,而以清新洒脱见称。

(4)岭南园林:岭南地处亚热带,观赏植物品种繁多。建筑的比重较大,且具有遮阳、防御台风的效果。其特点如下:

第一,规模比较小,建筑物的通透开敞更胜于江南,外形更富于轻快活泼的意趣。

第二,建筑的局部、细部很精致,而且多运用西方样式。

第三,叠山常用姿态嶙峋、皴折繁密的英石包镶,即所谓的"塑石"技法,因而山石的可塑性强,姿态丰富,具有水云流畅的形象。

第四,理水的手法多样丰富,不拘一格。少数水池为方整几何形式,是受到西方园林的影响。

第五,植物品种繁多,还大量引进外来植物。

"崇尚自然,师法自然"是中国园林所遵循的一条不可动摇的原则,在这种思想的影响下,中国园林把建筑、山水、植物有机地融合为一体,在有限的空间范围内利用自然条件,模拟大自然中的美景,经过加工提炼,把自然美与人工美统一起来,创造出与自然环境协调共生、天人合一的艺术综合体。苏州沧浪亭的楹联"清风明月本无价,近水远山俱有情"就表现出园主视己与自然浑然一体、陶然与自然的闲适心情。

中国的古典园林中特别重视寓情于景,情景交融,寓意于物,以物比德。人们把作为审美对象的自然景物看作是品德美、精神美和人格美的一种象征。值得一提的是,中国人把竹子作为美好事物和高尚品格的象征,把竹子隐喻为一种虚心有节、挺拔凌云、不畏霜寒的品格精神,所以竹子是中式庭院最具代表性的植物之一。除了竹子以外,人们还将松、梅、兰、菊、荷以及各种形貌奇伟的山石作为高尚品格的象征。

庭园是园林的延伸和微缩,按照《辞海》上的解释,"园"是指"四周常围有恒篱,种植树木果树、花卉或蔬菜等植物和饲养展出动物的绿地"。而"园林",在中国古籍里根据不同的性质,也称作园、囿、苑、园亭、庭园、园池、山池、池馆、山庄等,美英各国则称之为 Garden、Park、Landscape Garden。它们的性质、规模虽不完全一样,但都具有一个共同的特点:即在一定的地段范围内,利用并改造天然山水地貌或者人为地开辟山水地貌,结合植物的栽植和建筑的布置,构成一个供人们观赏、游憩、居住的环境。在当代,园林选址不拘泥于名山大川、深宅大府,而广泛建置于街头、交通枢纽、住宅区、工业区以及大型建筑的屋顶,使用的材料也从传统的建筑用材与植物扩展到了水体、灯光、音响等综合性的技术手段。

2. 欧洲体系

(1)美式庭院——豪放油画

特点:大气、浪漫。

设计理念:没有欧洲封建宗教和制度的种种束缚,开拓一片崭新的世界,获得了最大的自由释放。为自然的纯真朴实、充满活力的个性产生了深远的影响力,造就美国充满了自由奔放的天性。

必备元素:草坪、灌木、鲜花。

美国这一新生的民族,在北美的新大陆上对自然表现出了人类儿童般的天性,率真、自由,他们在与自然交流中如游戏般获得快乐,在对自然的好奇和热爱中了解自然并融入其中。森林、草原、沼泽、溪流、湖泊、草地、灌木、参天大树构成了广阔景观,美国人把它引入自己的生活中,同时引入城市,甚至建筑中。美国人对自然的理解是自由活泼的,现状的自然景观是其景观设计表达的一部分,自然热烈而充满活力,于是会有一大片的水面和巨大的瀑布,水层层跌落,自由地折过一个平台,汇入下面深潭,漂流至很远的水面中,这自由的蜿蜒曲折和哗哗的水声给都市营造了安静的生活场景。

(2)德式庭院——精巧版画

特点:人为痕迹重,突出线条和设计。

设计理念:在德意志民族的性格里好像有种大森林的气质:深沉、内向、稳重和静穆。歌德曾说过:德意志人就个体而言十分理智,而整体却经常迷路。理性主义、思辨精神和严谨秩序,已经成为德意志民族精神中的一部分。从 20 世纪初的包豪斯学派到后来的现代主义运动,我们都能清晰而深切地体会到德国理性主义的力量。

必备元素:修剪、设计、搭配。

设计充满了理性主义的色彩。德国到处都是森林河流,墨绿色延绵无际。在保护和合理利用自然资源的同时,他们更尊重生态环境,景观设计从宏观的角度去把握规划,使景观真正体现冥想的空间或"静思之场所",它迫使观者去进行思考,超越文学、历史、文化常规,不断地对景观进行理性分析,辨析出设计者的意图及思想。

德国的景观是综合的、理性化的,按各种需求、功能以理性分析、逻辑秩序进行设计,景观简约,反映出清晰的观念和思考。简洁的几何线、形、体块的对比,按照既定的原则推导演绎,它不可能产生热烈自由随意的景象,而表现出严格的逻辑、清晰的观念、深沉的内在、静穆的氛围。自然的元素被看成几何的片断组合,但这种理性透出了质朴的天性,来自黑森林民族对自然的热爱,自然中有更多的人工痕迹的表达,自然与人工的冲突给人强烈的印象,思想也同时得到提升。

在德国格林瓦尔德镇的绿色森林里隐藏着一座童话般的住宅。从鸟瞰的角度观察,其景观装饰的屋顶将约 836 平方米的住宅建筑遮掩起来,必须近距离观察,才能看见其宽阔的雪松屋檐的曲线线条。

(3)英国园林——风景画

特点:强调与自然。

设计理念:把自然与人工作了明确的划分,主角是自然风格,其造景严格按照风景画构图设计,建筑成为风景的点缀。英国是海洋包围的岛国,气候潮湿,国土基本平坦,多为缓丘地带。地理条件得天独厚,民族观念较稳固,有其自己的审美传统与兴趣观念,尤其对大自然的热爱与追求,形成了英国独特的园林风格。

必备元素:河流、树木、花草、山石等。

(4)法国园林——规整诗园林

特点:几何造型像地毯一样的园林,整个构图严谨完善。

设计理念:整齐的绿化成为建筑的花边,其作用仅是为居住区"涂脂抹粉"。我们没看到小区的整体空间形态,看到的只是贴贴补补的片段。在高密度的居住区中,却成了楼与楼的夹缝间的环境美化。

必备元素:草坪、鲜花、喷泉小品。

大面积的草坪铺设,其上设置喷泉、水池等水景,严格的对称中心,行列式种植的树木,使景观整体效果恢宏大气。

(5)意大利庄园——独特的台地园

特点:台阶式园林,直线几何图形造型的运用。

设计理念:意大利的地中海气候与西欧的温带海洋性气候有明显的差异。

初期,台阶式园林,有层次感和立体感,有利于俯视,容易形成气势。

中期,巴洛克式的庄园不求刻板,追求自由奔放,并富于色彩和装饰变化,形成了一种新风格。

后期,追求主题的表现。

必备元素:草坪、花坛、喷泉小品。

意大利园林常被称为"台地园"。台地园的通常布局为:主要建筑物位于山坡地段最高处,在它的前面沿山坡引出的一条中轴线上开辟一层层的台地,分别配置保坎、平台、花坛、水池、喷泉、雕像等。各层台地之间以磴道相连,中轴线两旁栽植高耸的丝杉、黄杨、石松等树丛作为与周围自然环境的过渡。这是规整式与风景式相结合而又以规整式为主的一种园林形式。

意大利台地园的形成和意大利的自然地理条件相当吻合。意大利位于欧洲南部的亚平宁半岛上,境内山地和丘陵占国土面积的80%,夏季在各地平原上既闷且热;而在山丘上,哪怕只有几十米的高度都令人感到迥然不同,白天有凉爽的海风,晚上有来自山林的冷空气。正是这样的地形和气候特征造就了意大利独特的台地园。

(6)西班牙园林——工整严谨

特点:布局工整严谨,气氛幽静肃然。

设计理念:西班牙地处地中海的门户,面临大西洋,多山多水,气候温和。初期是古罗马的中庭式样。中期,伊斯兰造园又进入了西班牙,布局工整严谨,气氛幽然肃静。后期,西班牙造园转向意大利和英法风格。

必备元素:草坪、花坛、喷泉小品。

3. 其他体系

(1)古埃及园林——绿洲

特点:"绿洲"作为模拟对象,几何概念用于园林设计。

设计理念:埃及尼罗河沿岸适于农业耕作,但其他部分都是沙漠。古埃及人的园林即以"绿洲"作为模拟的对象。尼罗河每年泛滥,退水后需要丈量土地,因此发展了几何学,同时把几何的概念用于园林设计。水渠和水池的形状方正规则,房屋和树木按几何规则加以安排,是世界上最早的规则园林。奴隶主把追求湿润的小气候作为主要的目标,把树木和水池作为主要的内容。

必备元素:树木、水池等。

(2)伊斯兰造景——色彩丰富

特点:建筑雕饰精致,几何图案,色彩纹样丰富,花木茂盛,明暗对比很强烈。

设计理念:地区多为高原,雨水稀少,高温干旱,因此水被看成是庭园的生命,所以西亚一带造园必有水。波斯的文化发达影响十分深远,阿拉伯帝国征服波斯之后,也承袭了波斯的造园艺术。

必备元素:鲜花、树木、水池。

(3)日式庭院——洗练素描

特点:简练而精于细节。

设计理念:岛国,接近海洋且风景秀丽,形成了独特的自然景观,较为单纯和凝练,后受到中国园林的影响,发展了独特风格,并自成体系。

必备元素:碎石、残木、青苔。

日本的古代园林:日本庭园一般有三种形式,即枯山水、茶庭和皇家园林,见表5—1。

表 5—1　日本古代园林的分类

景观	特点
枯山水	很讲究置石,利用单块石头本身的造型以及配列的关系。石形求稳重,底广顶削,不作飞梁、悬挑等奇构,也很少堆叠成山。栽植不高大的观赏树木,十分注意修剪树的外形姿态不失其自然生态。多见于寺院园林,此种园林以淡薄的气氛,把"写意"的造景方法发展到了极致。
茶庭	面积小,要求环境安静,故偏重于写意。人在庭园活动,因而用草地代替白沙,草地上铺设石径,散置几块山石并配以石灯和几株姿态虬曲的小树。茶庭门前都设置石水钵,供客人净手之用。
皇家园林	面积较大,以自然山体湖面为主,中间有桥相连,受中国园林的一池三山的影响。有大量建筑群,形象各不相同,分别以春夏秋冬的景题与地形和绿化的结合成为园景的点缀,整体是对自然风致的写实模拟,局部则又以写意的手法为主。

枯山水庭园:主要以岩石为主,白沙、绿树、苔藓、光秃的黑石相称,其意境源于中国的山水画,注重幽远,顺其自然,简朴幽静。白沙铺地,蜿蜒似河流,点缀飞石(即供脚踏的石板),通常是六分走道,四分景色。

茶庭:即茶室庭园,讲究质朴自然。通常在园林中设有一种称为"蹲踞"的手水钵,周围点缀圆滑无棱角的球石,另外结合苔藓、灌木营造微小淡雅的园林景观形式。

(4)韩国景观——自然山水

特点:适应地形造景。

设计理念:韩国大部分为山林,平地量少,住宅大部分建在山上。

必备元素:树木、山体等。

(一)住宅环境景观结构布局

住宅环境景观结构布局,见表 5—2。

表 5—2　住宅环境景观结构布局

住宅分类	景观空间密度	景观布局	地形及竖向处理
高层住宅	高	采用立体景观和集中景观布局形式。总体布局比较图案化,满足近处观赏也要注意向下俯瞰的景观艺术效果。	通过多层次的地形塑造,提高绿视率。

住宅分类	景观空间密度	景观布局	地形及竖向处理
多层住宅	中	采用相对集中,多层次的景观布局形式。尽可能完善不同年龄、心理的景观需求。具体布局可根据楼盘情况灵活多变,不拘一格,以营造特有的景观空间。	因地制宜,结合楼盘规模和地形处理。
低层住宅	低	采用较分散的景观布局,使住宅景观尽可能接近每户居民,布局可结合庭院塑造尺度适合人的半围合景观。	地形塑造规模不宜过大,以不影响景观视野又满足私密度要求为宜。
综合住宅	不确定	根据住宅的总体规划和建筑形式选用合理的布局形式。	适度地形处理。

(二)别墅景观设计空间案例

1. 别墅的分类

(1)独立别墅,即独门独院、私密性极强的一种单体别墅。

(2)联排别墅,有天、有地、有自己的院子和车库,由三个或三个以上居住单元组成,一排二至四层联系在一起,每两个相邻单元共用外墙,有统一的平面设计和独立的门户。这是目前大多数经济型别墅采取的形式之一。

(3)双拼别墅,是联排与独立别墅之间的中间产品,由两个单元拼联组成的单栋别墅。

(4)叠加式别墅,是联排别墅叠拼的一种延伸,是在综合情景洋房公寓与联排别墅特点的基础上产生的。类似于复式户型的改良,是由多层复式住宅上下叠加在一起形成的,下层有花园,上层有屋顶花园,一般为四层带阁楼建筑。

(5)空中别墅,是公寓式住宅顶层的具有别墅形态的大型复式豪宅。

2. 别墅庭院的景观现状

普通的别墅绿化环境包括私人庭院和公共绿地,二者互为补充。开发商不仅要做好公共绿地的养护工作,还要对业主进行引导和协助,以达到社区整体的生态性和良好的居住环境。

别墅庭院是主人的私密空间,可以根据个人的喜好将各种花卉、植物、园林小品等布置起来。开发商为了能在出售前有一个漂亮的外表,都会在上面铺设草坪,并且成本不高。这里要注意两个方面:一是要耐看,由于面积较小,所以草种不宜太粗(如高羊茅)。二是要有排水沟,一般都是排在房子四周,这种房子的高度越高,立面越好。沿着外墙的少量排水管与房屋相连,虽然这样的排水方法简单,但对周围的环境不利。

公用空间是以每家私人土地为分界。有些用简单的栏杆、矮墙、界桩来表示界限;有些被绿篱和灌木隔开;还有一些细节上的设计,在入口处没有明显的划分,看起来很开阔、自然,而在后面的院子里,有明显的划分,以突出隐私,作为户外的空间。如今,将整座院子都用栅栏包围的现象愈加少见,这也体现出了人们的开放性和社会的发展。假如用绿色来划分,要注意的是,这种植株没有毒性,没有刺毛,外观也较为整洁。由于需要大量的木材,所以通常选用黄杨、蜀柏等比较便宜的品种。

3. 别墅庭院景观特点

(1)私密性

庭院是一种比较私人的、开放的、具有很强的地方意识的空间。中国的传统庭院是人们日常生活和休闲的场所,如吃饭、洗衣、修理、聊天、打牌、下棋、看报纸、晒太阳、听收音机等。而现代建筑物中的天井则可以容纳更多的活动,尤其是通过视觉、听觉、嗅等感官来实现对自己的行为目标。比如在给花草修剪的时候,可以尽情地享受阳光的照射,清新的空气,花草的芬芳,在休闲的时候,可以体会到休闲的舒适与轻松,欣赏花草的自然之美,聆听潺潺的溪水之声。

(2)室内空间的延伸

庭院是人工化的自然空间,是建筑内部空间的延伸,人们在活动的同时,也需要到户外的空间呼吸新鲜的空气,享受日光的舒缓,感受大自然之美,以及日常的闲暇活动,如聊天、散步、娱乐等,天井正好是进行这种活动的最佳地点。

4. 别墅庭院景观设计要点

庭院有很多种类型,通常都是按照业主的偏好决定其基本的形式。庭院形式可以大致分成两种:规则式和自然式,就其形式而言,私人院落可分成四大类型:亚洲式、日式、欧洲式、英国式。并且,建筑的风格和类型也是千姿百态,比如古典与当代、前卫与传统、以及中西文化之间的区别。一般情况下,都是依据房屋的样式来判断院落的类型。

(1)庭院色彩的选择

颜色的冷热感会对空间的大小、远近、轻重等产生影响。随着距离的推移,物体的颜色越来越深,也越来越淡,也会越来越冷,还会越来越青。运用此原理,我们发现温暖明亮的颜色具有拉近距离的效果,而冷淡的颜色则具有缩小距离的效果。庭院的设计将温暖和明亮的元素放在了近处,而在较远的地方,则可以增加景深,让小小的庭院看起来更加地深邃。颜色是影响庭院风格的重要因素,其中一个重要的因素就是要依据建筑物的颜色和周围的环境来决定其主要的颜色。在景观设计中,观赏叶是非常重要的。在绿中带白色斑点的植物,其明度较纯绿色品种高,例如银叶雪叶莲、朝雾蒿草等,可使花圃更加光鲜亮丽,而其他颜色为橙色、红色和紫色的叶子,能产生鲜明的反差,增强色彩的明度。另外,也可以根据不同的叶片形状,纹理的不同等因素进行分析。

(2)庭院排水与光照条件的影响

排水、光照、通风、土壤状况等都会对植株的生长产生一定的影响,尤其是光照是否充足是决定该品种的关键因素。通常情况下,最好把花园建在朝南、光照充足的地区,因此要了解到它的位置,例如白天的光照、阴面和阳面的处理。根据这一结果,选取适合于上述条件的植物品种。

(3)家庭成员的需要

院落风格也反映出当地居民的生活习惯。一对上班的夫妻因为没有时间去照料花花草草,所以院子里经常只种一些植物或植物;有孩子的院子里应该铺上可以用来摆放玩具的草地,还应该栽种些一两年生草花和球根花卉;若家里有意种植花草,可以在四季如春的时候栽种一些花草,建造一座美丽的园林。总之,庭院的风格和种植的植物要根据家人的构成和年龄来决定。

(4)庭院面积的大小

越大的院子,越可以有更多的选择,更多的组合,但是,在栽植的时候,一定要考虑到整体的连贯性,以免矛盾。在狭窄的院子里,可以利用的空间很有限,所以要精心安排,种植的植物品种也要减少。而无论院落的大小,都必须要铺好道路,普通的院落小道可以选择天然的石头,也可以选择各种颜色的地砖,以及黑白相间的鹅卵石。院子的布置很重要。喜欢简单的可以在院子里种植一些花卉,也可以用来种植一些绿色的植物。弯弯曲曲的小路搭配着高大的树木,给人以"庭院深深"之感。拱形拱门、雕花栏杆、圆柱涡形拱门和精心修剪的低矮灌木,更是重现了欧陆风情。

5. 庭院绿化

私人院落中植物的作用应当多种多样,既具有观赏、娱乐的作用,又具有使人参与的作用,给人带来成就感。设计花园和园艺设施,在自家花园里亲手种植花草,还可以感受 DIY 的快乐。

(1)入口处的植物

在庭院设计中,门具有特殊的含义。植物的布局要让人有一种安定的感觉,有一种安全的感觉。普通的绿篱将与其他院落隔离开来,给家人带来安全的感觉,并透过绿篱实现对家庭各个区域的空间约束,让人们得到相应的领域。结合一定数目的树,勾勒出入口的主要特点。

(2)主庭中植物

新手在布置院子的时候,不要选择过多的植物,可以选择一到两种植物来搭配。植物的选用要符合整个院落的风格,使植物的层次分明,形态简单。在北部,常青的植物更适宜。在处理时,可以用颜色的微妙差异来判断植物的摆放。墨绿色的植被衬托着淡绿色和白色的蕨类,还有八仙花的叶子,它们的叶子在这两种植物的深浅不一。

另外,纹落图案的差异也是合理安排这类组合的一个重要因素。每次院子被分割成不同的区域,或是在上面做几何形状,高大的树和花园中的灌木丛都是很重要的元素。小路旁的花草会让人感到宁静和舒适。一些小路被简单地设计,另一些却是精心设计的,被灌木和花圃包围在道路两旁。对一些设计师来说,天井小路的设计可以清楚地反映出主人的性格。这个组合的核心在于充分发挥差异性。

当两种以上的观赏植物在同一区域种植时,应根据不同的植株形态和形状,保证不同的景观效果。用淡粉色的菊花和福禄草来种植,营造出更浓的粉红色浪漫气氛。

(3)小庭里的植物

垂直的线条被完美地运用到了园林的侧面或者阳台上。毛竹多用于小型庭院,常以其优美、笔直的枝干而受到欢迎。这种空间多以单一的植物为主,其形态、色彩、质地、季节的变化都得到了充分的体现。丛植群植植物通过形态、线条、色彩、纹理等要素的组合和合理的比例,结合各种绿地的背景要素(铺地、地形、建筑物、小品等),使景观增添色彩,使人在潜意识的审美感觉中调节情绪。

6. 水体

院落水体特征:规模较小。但要做到精细,不能太深,也不能太浅,根据用户的需求,如果家里有孩子,要以孩子的安全为重。园林水体所依赖的容器,有两个不同之处：一为天然形态的池塘、溪流。二是喷水池、游泳池等人为环境下的水体。

7. 园路

（1）园路的特点

在别墅的院子里，主要是以窄、幽、雅为主。庭院园路最大的特色就是狭窄，因为它的服务对象多是家人、亲友等，所以不必把弄得太大，否则不仅浪费，而且会使花园变得局促。幽是通过曲折的造型，使人们产生错觉，感觉幽深，让院落显得开阔。雅是庭院的最高境界，要做到多而不乱。

（2）园路的线形设计

园路道路的线型设计应与地形、水体、植物、建筑物、铺装场地和其他设施相结合，构成一个整体的景观布局，从而为园林的呈现提供一个持续的空间，或者是对前面景色的透视性。公园道路的线型设计应该是以主次为单位，以合理的方式组织交通、观光，以密度、空间等为一体。使园路通过合理的空间弯曲组织景观、延伸游览线路、拓展空间。更好的设计应考虑到地势的起伏和周边的功能需求，将主路与水面隔开，并在各个景点间交错，沿着主路可让游客观赏到主要景观。将道路设计成景观的一部分。道路布局要按要求有疏密之分，并尽量避免彼此平等。但是，曲线不能像线条一样容易使用，恰到好处的曲线可以让人摆脱压力，达到舒适的审美境界。

（3）园路布局

道路的布局要根据别墅绿地的内容和使用者的容量大小来决定，要主次分明，因地制宜，密切配合。如地形起伏处园路要环绕山水，但不应与水平行。地势平缓处的园路要弯曲柔和，密度可大，但不要形成方格网状。园路的入口应起到引导游人进入庭院的作用。一个成功的入口设计会营造出不同的气氛，一条宽阔的园路会使人产生进去闲逛的想法，而一条狭窄的园路则会使人加快行走的速度。因为庭院道路有着表达设计意图的作用，直线、弯角、几何形体现规则式设计的意图。而自然曲线、疏松的铺装和一些不规则的形体以及自然的设计方式则表现了非规则式设计的特点。

（4）园路的功能性

道路布置要依据小区的绿化面积和用户的能力来确定，要做到主次分明、因地制宜、紧密协作。若园路地势起伏，则必须围绕山水，但不可与水平线。在平坦的地形上，道路应该是柔软的，可以有很大的密度，但是不能构成网格。公园道路的入口处是为了指引游客走进院子。一个成功的入口可以创造一种独特的氛围，一条宽敞的花园道路可以让你在里面漫步，一条狭窄的花园小径可以让你的步子更快。由于院落道路起到了传达设计意向的作用，而直线、弯角、几何形状则体现了规律性的设计意图。而自然曲线、松散的铺面、不规则的外形、自然的设计手法，都是非规律性的设计特征。

(5)铺装材料的选择

一种类型的铺装，可以用不同尺寸、材料和拼装方式的块料组成，关键在于铺装在哪里。例如，主干道和交通要道，要牢固、平坦、防滑、耐磨，线条简洁，便于施工管理。小径、小空间、休闲林荫道，可以更加丰富多彩，如杭州竹径通幽、苏州五峰仙馆与鹤楼之间的仙鹤图，与周围环境融为一体，诗情画意跃然纸上。块料的尺寸和形状，除了要与周围的环境和空间相协调以外，还要适应线形的自由曲折，这是施工简易的关键；色彩、质感、形状等对比强烈，建议以天然材料为主。

8. 小品

园林中的"小品"是指在庭院中可以摆放的各类物件，如假山、凉亭、花架、雕塑、桌凳等。通常这种体量很小，但是在院子里却可以画龙点睛。无论与风景相关的还是相对独立的，都要经过艺术的处理和仔细的研习，以适应庭院特殊的环境，使之成为一种剪裁得体、配置得当、相得益彰的园林景观。通过小品的形式，将园林与外部景观有机地结合在一起，使得园林的意境更加生动，更加赋有诗意。从环境空间塑造的角度，运用艺术手法进行组景，以提升整体环境和小品自身的欣赏价值。

9. 附属设施

(1)庭院围墙

院落的围墙分为两种：一种是围绕院落的隔离墙；二是公园内划分空间、组织景色、安排导游等，在中国传统园林中随处可见。随着时代的发展，人们的物质和文化程度越来越高，"破墙透绿"的事例也越来越多。这表明对围墙的需求正在发生变化。

(2)庭院栏杆

一般，低栏高 0.2 米~0.3 米，中栏 0.8 米~0.9 米，高栏 1.1 米~1.3 米，要因地按需而择。栏杆的构图要单元好看，更要整体美观，在长距离内连续地重复产生韵律美感，因此某些具体的图案、标志，例如动物的形象、文字往往不如抽象的几何线条组成给人感受强烈。低栏要防坐防踏，因此低栏的外形有时做成波浪形。中栏在需防钻的地方,净空不宜超过 14 厘米,在不常防钻的地方,构图的优美是关键。高栏要防爬,下面不要有太多的横向杆件。

10. 别墅功能分析

(1)起居空间:动态空间,包括会客室、起居室、娱乐室、早餐室、餐厅、书房、艺术室、日光室等。

(2)卧室空间:静态空间,有儿童卧室、客房、老人卧室、次卧、佣人卧室、主卧室等,主卧还附带主浴、储衣等空间。主卧要求朝向好,景观好,舒适而私密;次卧或客卧私密性和朝向可比主卧略差。

(3)辅助空间:有阳台、车库、厨房、卫生间、储藏室,以及洗衣房、酒窖、机械室、防空洞、游泳设备室、园艺工具室等。

(4)交通空间:把三个不同的空间有机联系,有主入口、主楼梯、辅助入口、楼梯、走道。

11. 别墅基本功能元素及空间序列

(1)厅和起居室

现代普通的住房设计要求"三大一小",包括大客厅、大厨房、大卫生间、小卧室,可见起居室在现代社会中的作用日益凸显。无论是别墅还是中高档的房子,客厅或者客厅都能体现出主人的身份和文化。小别墅、小房子的起居与起居室是一体的,统称为生活起居,是家庭活动和接待客人的交流场所。中等或更高级别的别墅或住宅通常有两个区域供人们进行日常活动:一个是会客和家庭成员的起居室,一个是家庭的起居场所。

整体的平面布局,可以放置 5～6 个人以上的长沙椅,在空间上可以设置为共用的区域,也可以采用高低分隔的方式来分隔,地板和天花板的提升或下沉,与楼梯、餐厅等的空间相融合等,以突出空间的渗入和变化。

(2)家庭房

家庭房是一个半公用的地方,相对于客厅来说,它更注重为家人的生活。很多别墅将住宅放在上面或者紧挨着客厅的地方,这样可以很好地区分开来,以便为家庭成员提供便利。有时还可兼做健身、娱乐等多种用途。家庭房的氛围倾向于更加友好和随便,空间也较大。

(3)餐厅与厨房

餐厅与厨房连接,便于操作。从平面设计来看,厨房和生活空间是密切相关的,并且与辅助入口直接联系,有时厨房还要与别墅户外的露台相连,同时,佣人卧室一般也位于厨房的附近。厨房需要比较好的日照条件和视野,由于家庭成员经常聚集在厨房里,所以厨房里的妈妈们都会通过厨房的窗户来照顾在院子里玩耍的小孩。厨房的基本职能包括:清洁(水池)、烹饪(灶台、微波炉和烤箱)、储藏室(冰箱和储藏室)。

餐厅和客厅往往可以分开,也可以合在一起,即使分开,也会用比较模糊的方式,比如几个台阶,一个博古架,一个活动的推拉门,顶棚的不同处理,将两个连续的空间隔开,有时连客厅和餐厅都是一个单独的空间,只是利用各自的家具布局来区分空间的用途。餐厅的平面布局应该根据用餐人数和桌子大小来决定,并且要有一个好的朝向和视野,靠近厨房。

用餐空间因居住环境的不同而呈现出不同的形态。一是餐厅和厨房是一体的;二是吃饭和起居结合,占据客厅一角;三是设置单独的餐室;四是有两个用餐空间:一间是正式的饭厅,接近起居室,其家具布置较为精致;另外一间与厨房相连的早餐室,平时的家人都会在这里就餐,这样可以减少打扫卫生的麻烦;五是在客厅或饭厅旁边再加一块吧台,可以成为一个单独的冷热饮料空间,同时也是一处吸引眼球的室内景观。餐厅的地理位置常常被忽略,但事实上,这也是人们最常用的公共空间。在设计上,除了满足家庭功能需求外,还应尽可能地为餐厅提供更多的扩展空间,例如与厨房融为一体,添加小型酒吧等。

(4)书房

书房是人们读书和办公的地方,应设置在卧室、地下室、阁楼等较为僻静的地方,远离主要的公共空间,最好是朝南的窗户,这样才能更好的阅读。

(5)门厅

前厅起到了过渡、引导和缓冲作用。前厅是一个过渡的空间,它从一个外部的入口进入到内部。前厅应与生活空间有着最直接的连接,将人引入生活空间,通过前厅更容易地发现主要的楼梯,并且尽可能地将通向服务和卧室的通道隐藏起来,这样可以区分引导空间的主次和次序。前厅必须要有足够的空间让客人逗留,还必须要有足够的空间让客人休息。前厅为外人提供了一种初步的感觉,同时也是连接各个空间的重要枢纽,因此在设计时要仔细考虑。

别墅的入口门厅兼具功能性和社会性双重意义,在日本被称为"玄关"。它是从公共空间到私有空间的过渡,又是人流集散的空间,同时收纳鞋具、雨具、衣物等,因此要有相对独立的空间形态和充足的面积(大于 4 平方米),入口宽度为2.1～2.4 米。

门厅就像是乐曲的前奏,散文的序言,是对高品质生活要求的别墅的一个过渡空间,可以与住宅的入口相结合,从而达到丰富的空间效果。

(6)楼梯

楼梯属于垂直交通元素和活跃装饰元素。它是别墅中联系三维向度的立体元素。不同的楼梯形式(单跑楼梯、两跑楼梯、多跑楼梯以及旋转楼梯等)影响着别墅的平面组织方式和平面形态。同时楼梯通常是空间装饰塑造的重点。别墅中一跑梯级应少于 18 级,宽宜大于 1100 毫米。每级宽 250～300 毫米,高 150～175 毫米。

在别墅和某些小建筑物中,内部楼梯的布局往往与起居室、前厅相结合,既能解决日常的交通问题,又能将不同的结构和形状组合在一起,丰富内部空间,因此也是整个别墅内部设计的一个重要组成部分。

(7)卧室空间

因为卧室是一个私人的地方,需要一个宁静的环境,所以,卧室的位置和生活的空间往往是分开的。在单栋住宅中,居室的布置将会在一个相对独立的地方。在多层住宅中,多为二楼,因此,动、静的空间构成了一个立体的空间分区。卧室与浴室之间要有一个便利的连接。一些大一点的房子里,卧室分为儿童卧室、客人卧室、佣人卧室等。一般来说,佣人的房间都是和一个独立的小厕所连接在一起的。

①主卧室。主卧室指为主人夫妇专用的卧室空间。通常主卧室由三部分组成,即主人卧室、主人卫生间、更衣储物室。这三部分常见的连接方式是以更衣储物室作为联系空间,卧室和卫生间位于两端。更衣储物空间的两侧一般沿通道设挂衣架及储鞋柜等,供主人使用。空间排列顺序为主人在浴室沐浴,到更衣室着装,然后返回卧室。由于主卧室在别墅中是比较重要的使用空间,通常要设于采光、景观条件比较好的位置,并争取做到相对的独立。一般主卧室约 15～25 平方米,双人床长 2 米,宽 1.5～2 米,卧室兼有工作室时,约 20～30 平方米。

主卧室是户内最恒定的空间,使用年限长,具有强烈的心理地域感和私密性,因而要有良好的朝向和隔声隔视条件,附设专用浴厕。

②儿童卧室,应保证有充足的阳光、开阔的视野、完整而有节律的活动空间,具有启蒙、发展创造性兴趣的作用。

③老人卧室,一般安排在安静、日照良好、易于出入的地方。

④客人房,是提供给客人临时居住的卧室,有壁柜等储存空间,具有较强的独立性,一般安排在底层。

(8)卫生间

别墅中至少设两个卫生间,分别供公共空间和私密空间使用,往往相对独立。

卫生间一般配有三件套,即面盆、坐厕和浴缸。在一些小型的别墅中,有的卫生间需要兼为洗衣空间,为洗衣机预留位。在多层别墅中,上下层的卫生间位置需要尽可能地上下对应,为上下水及冷热水管道的合理布置创造条件。卫生间不小于2.7平方米。三件套卫生间不小于5.04平方米。

别墅卫生间需满足沐浴、盥洗、排便、更衣、化妆、洗衣等功能。卫生间的通风很重要,应尽量直接对外开窗通风采光,窗地比≥1/10,不能对外开窗时,应设机械通风。位置应布置在卧室与客厅附近,上下位置尽量对齐,便于管道集中布置,不宜设在主要空间,如餐厅、客厅、起居室的上空。

(9)辅助用房

辅助用房包括洗衣房、车库、储藏室等,辅助居住者日常生活起居所需的空间。辅助用房可以布置在别墅的北面或条件比较差的位置。车库的位置和车库门开口方向应该统筹考虑别墅庭院的人流和车流的动线。另外,车库独立于别墅之外时,有时可能兼用它遮挡冬日凛冽的北风或不太优美的景观等。车库的形状必须是矩形,车库不小于3米×6米。

车库应有直接通向室内的入口,本身位置靠近主要出入口,车库可以和工具室、工人室等接合设计。一个车位车库的面积为20~30平方米,一般做到3.3~3.9米开间。车库净高可稍低,为2.1~2.4米,可利用层高的变化作错层处理,既节省空间又丰富造型。

(10)庭院

别墅的庭院一般分为三个方面:室外活动空间、花卉花园空间和道路。小别墅一般都是以花木为基础,在面积更大的时候,还会用水池、花架、灯饰和各种地面铺设营造出丰富的户外空间。要想让植物长成并有一个充满活力的院子,就不能在北边设置一个没有太阳的小花园。在别墅的院子里,步道应该与小型的花园相结合,这样就不会影响到室外的活动,也可以很好地考虑车辆的转弯半径,尽端回车道,室外停车。

第二节　景观空间常见设计方式与思维模式

环境景观设计既是一门艺术门类,又是一门极具操作性的技术。如景观植物配置既要解决生态技术问题,又要有视觉空间和时间上的变化特征。由于我国在改革开放以后才从欧美发达国家学习有关景观设计的理念,因此景观设计的发展相对滞后于其他行业。可操作性设计创意思维的演进,可有效降低设计过程中的随意性与不确定性,大大提高设计结果的可判性。同时,在一定程度上也能增强具体设计工作的有序性和系统性,提高设计效率与质量。一个完整的设计是一个复杂的过程,不仅涉及不同的人员、不同的基地条件、不同的设计要求,还需要处理各种复杂的关系。

中国伟大的思想家老子说,"埏埴以为器,当其无,有器之用。凿户牖以为室,当其无,有室之用……"其意义为强调具有使用价值的不是围合空间的实体本身,而是空间部分,即虚的部分。空间的形成包括实体与虚体两部分。实体就是包围空间的一部分,指的是可以触摸到的东西,比如建筑的外立面,室内的墙壁,花园的篱笆,亭子的结构等等。所谓的虚体,就是空间。

空间感是一种空间的特性,它可以延伸到整个城市,包括街道,广场,公园等。建筑、室内、园林景观是建筑与室内景观的有机结合,其时空内涵与"空间"同样重要,即"四维空间",所谓的立体是指长宽高,或者是指 X 轴、Y 轴、Z 轴。而四次维度则是在空间中的时空特性,它是一种连续的时空变迁,也就是人们在时空中行走的时候,所产生的空间经验的连续改变。所以,我们可以把这个"四维空间"称为"四个维度"。

空间设计的方式主要包括围合、覆盖、突起、下层、架空、质地,在三维空间的思维模式下设计出公共空间、半公共半私密空间、私密空间等不同的空间形式,从而产生出适合不同人群需要的空间类型。

一、直觉设计法

直觉设计法是指设计的灵感总是出现在转瞬即逝之间,设计灵感一旦出现,就会立刻根据设计师的本能去创作,这样才能创造出更好的创意。作为一个擅长于涂鸦和对空间比例有一定了解的景观设计者,直觉式的设计方法是最好的选择,他们会从涂鸦中适应,进入景观设计的世界。当然,这样的设计理念是建立在设计师基础上的,没有对景观设计的专业知识,光靠灵感是不可能完成的。

二、草图设计法

首先,草图与涂鸦有很大的不同。草图与一般的涂鸦是不一样的,设计师需要有一定的专业知识,同时还要有一定的逻辑性,我们一般把它叫作圆圈设计,通过圆圈来进行对比和分析,需要设计师有一个缩小的概念。该方法首先根据建筑的特性,将所需空间的尺寸缩小,再根据不同的属性或者互补空间,按照不同尺寸,把它们圈在一起,然后再逐渐地绘制出一个平面。该过程由简到繁,由大到小,由粗到细,经过反复的推敲和对比,最终形成大致的空间分割。通常采用半透明的硫酸纸和平面图,这是景观设计中最基础的一种。

三、模型设计法

对于初学者,没有很好的空间立体思考能力,前两种方法比较难,因为是平面图,设计师在画涂鸦或者素描时,脑子里就会有一个三维的空间模型,而大多数新手没有这样的想象力。而模型设计方法则有着前面两种方法无法比拟的优点,即,通过建立一个真实的景观模型,可以获得一个直观的空间感觉。当然,模型的构建也不是随随便便完成的,操作者必须要有一个"比例"的概念,那就是将场景按照一定的比例进行缩小,然后根据比例来构建模型,从而推演出不同的空间。就像是一个孩子在拼积木,将不同的形状、大小的空间分割开来,再根据不同的空间属性进行组合和总结,最后得出一个很好的设计方案。

第三节　原始场地分析

场地是一个平台,承载着自然与人文变化。景观空间设计目的是对场地环境和文化内涵进行整体设计。因此,在景观设计前期,场地分析是整个设计过程中的重要环节。那么,考察什么,研究什么? 从本质上讲,要从场地中找出一些特质,作为设计师设计灵感的来源或出发点。正如广东省中山岐江公园一样,其成功之处在于对场地所特有的"历史碎片"的把握。对于一些高手来说,这是一种本能的反应。对于很多景观空间的初学者来说,可以通过合理的方法,理性地分析。

下面就让我们来探讨怎么考察场地。

一、场地资料的获得方式

场地分析一般有两种方法,即图纸和实地踏勘。一般来说,设计人员在项目开始的时候,都会收到相关图纸。图纸和数据固然重要,但光靠图纸是不够的,设计师必须要通过实地考察，才能弥补图纸上不能体现的地方特征。只有通过实地踏勘，才能透彻地了解场地及其周围环境，把握场地的感觉，把握场地与周边区域的关系，全面了解场地状况。

比如瓦尔斯温泉项目，由瑞士著名建筑师彼得·卒姆托设计。在卒姆托所写的关于瓦尔斯浴场的笔记中，卒姆托清楚地列出了该项目设计的几个转折点。卒姆托在设计之初，就进行了实地考察。而且，从卒姆托的笔记看，卒姆托不仅仅只是在红线内走了一圈。在笔记里，他提到了距离项目不远的瓦尔斯村子。"我们对这里的石板屋顶很感兴趣，它们的结构使我们想起水面上的波光粼粼。我们在村子里走着，忽然发觉到处都是圆石，那些容易被劈开的石板，松松垮垮地堆成了高高的矮墙；对不同规模、不同坡度、不同矿床的石矿进行了考察。想到我们的浴室，想到了从建筑基地后面涌出的温泉。我们发现，我们对瓦尔斯的片麻岩越来越感兴趣了。"卒姆托去"村子"做什么？很明显，他看到瓦尔斯村里的瓦片和墙壁都是用当地的石头做的。经过询问，居民们才知道这些材料是从哪里来的。无论是在未来的建筑中使用这块石头，还是在某个时候，卒姆托都被带到了地下矿洞之中。而且，他一到那里，就爱上了那里的景色。现在的石矿，都是用电锯锯来切割，只留下一块块长方形的石头，还有切割的痕迹。一边是深井，一边是光明。谁也没想到，这一幕最终成为卒姆托组织浴场形象的核心元素。

二、场地分析的作用

一个完整的景观空间设计过程可概括为认识问题、分析问题和解决问题第几个阶段。从某种意义上讲，前者决定了后者。场地分析是设计前期阶段的认识与分析问题的过程。在充分理解了这个问题后，基地的功能和设计内容就自然而然地变得清晰起来，就像凯瑟琳·鲍尔所说的那样："任何计划都只是一种特定的安排，以达到特定的目标。"因此，对问题的认识和分析过程更为重要。然而，在实际设计中，许多设计者往往忽略了场地分析这一关键环节。本文从以下几方面阐述了场地分析在景观空间设计中的重要作用。

（一）为规划提供范围界定

在做一个项目之前，应先根据图纸及实地踏勘，明确规划范围界线、周边红线及标高，供今后设计时参考。如果连规划的范围都不清楚，就开始大干一场，再好的设计恐怕也要从头再来。

(二)为立意提供主题线索

充分发掘地方文化,以实物形态的历史文化资源(如文物古迹、山崖石刻、诗联匾额、壁画雕刻等),以及与场地相关的历史故事、神话传说、名人事迹、民俗风情、文学艺术作品等,均可为空间景区或景点景观的确定提供主题线索。只要把文化元素充分挖掘出来,对景观空间的精确定位就不会成为设计师的难题。

(三)为功能确定提供依据

对场地的分析可以分成两个层面:一是对场地内外的关系,二是对场馆内部的各种因素进行分析。一般情况下,通过对项目所在地在市区地图上的位置和周边地区、邻近地区的规划要素进行调查,可以得到周边地形特征、土地利用状况、道路交通网络、休闲资源、商业、文化等方面的资料。这些与项目有关的周边环境,对于决定基地的功能、性质、服务人群和主要出口的合理位置、喧闹娱乐区、安静休息区的位置都有很大的关系。

(四)为植物设计提供参考

首先,应根据场地水质资料、土壤状况及当地历年累积的气象资料(月平均气温、水温、降水量)等环境因子,选取适宜场地的植物种类,以确保设计的科学性和存活率。其次,要注意建筑、墙体、地下管线等要保留的建筑和构筑物,在设计的时候要注意与其保持一定的间距,确保植物的生长和地基的稳定。再次,在植物设计时,也要考虑其它因素的限制,例如,在场地上方的高压电线,为保证植物的成长和安全,下面的树木,不宜选用太高大的树木。

(五)为保护、利用景观资源提供可能

1. 设计结合自然,珍惜良好的自然生态条件

在景观设计中,应充分尊重当地自然环境的生态特性,尽量保存和运用这些宝贵的自然生态元素,并将其融入园林设计中。要尽可能地保存天然景观,如泉水、溪流、造型树、已有地被、名树、古木、地形等,这些都是对自然的固有价值的认知与尊重,从而达到一定的节约投资的目的,同时也可以防止过度追求形态的美感而给原有的生态环境带来不可挽回的损害。

2. 尊重并延续场所精神,重视历史文化资源的开发与利用

了解地方特色,最根本的目标就是要在不断演变的历史进程中,保留并延续地方精神。特别是在城市更新、遗址等景观设计时,要注重对地方历史文化遗产

的保存,这些文物不仅是我国人民的物质、精神财富,而且是城市建设史的见证者和实物遗物,对于人类文明的追忆与发展具有重大意义。所以,在进行园林设计时,必须仔细地观察和研究现场遗留下来的一切文物,不要让有价值的东西白白流失。

3. 因地借景,充分利用场地内外景观要素

园林建设首先要以地为本。以"相地合宜"为"构园得体"。"因借"是指根据场地的地理、地形、地势设计景观。其次,利用特定的技术手段(如远借、邻借、仰借)等方式借用场地之外的好景,形成一个和谐、富有生气的整体。远山塔影、飞鸟、流云,本来是无意识的,自由的,但现在,它们融入了人们的生活,通过风景的运用,大大地拓展了和丰富了花园的美感。"林园之人,最需要的就是借景。由此可见,借景的重要性。

4. 摒弃不利因素,为景观优化创造机遇

在保留和利用好的环境要素的同时,也要考虑环境的负面影响,例如废弃的建筑物、有毒废弃物、有病害的植物和其他不雅的景观,要加以完全的清除,或者采取一些设计的方法来加以遮蔽。同时,应注意在建筑与其外部街道连接部分的设计技巧上,应根据具体的情况,采取有时开放、有时闭合的处理方法。对于一些功能需求或利用街道景观的区域,应采取透明的处理方法;当噪声太大或者街道元素与现场景观不相适应时,应采取封闭式的处理方法,以遮挡对景观不利的元素,使景观效果达到最佳。

三、场地分析的方法

(一)对场地的区位分析

区位分析,是将场地放在其周边的区域关系内进行场地的定性分析。在这里不外乎有如下两点:

1. 周边交通关系——列出详尽的各种交通形式的走向。

通过对这些因素的分析,得出了影响下一阶段设计的因素,例如行人、行人通道、停车场避让要素(轻轨、高速公路的噪声避让)。

2. 项目定位关系——确定项目在整体区域中的定位。

通过对周围土地属性的分析,列举同类工程的布局和服务半径,确定服务对象、服务规模,并为下一阶段的建设提供参考。例如,在公园的规划中,每种休闲

活动的设定都要有对应的基础,甚至连图中的每一条线条,都要清楚它们的来源。

(二)对场地的社会人文分析

"人文"可以定义为:一定社会系统内文化变量的函数,文化变量包括共同体的态度、观念、信仰系统、认知环境等。人文环境是隐蔽于社会本体中的一种无形的环境,它是国家精神的一种潜移默化。所谓的"人本",其实就是人类在漫长历史发展过程中产生的一种社会现象。既是历史上的一种现象,又是一种社会历史的沉淀。美国华裔建筑师贝聿铭曾说:"每一个城市都有自己的历史与文化,因而也有自己的个性与特色。"在人类社会发展的历史进程中,人类的文化特色不断地变得丰富和多元化。不同的地域构成了不同的社会人文特色。

1. 历史信息

历史信息包括建筑和文化历史概况、历史事件和历史元素、人文景观等、特别是人文景观,也叫文化景观,是指人们在日常生活中,以自然风光为依托,以其独特的文化特性,满足一定的物质与心理需求。最重要的是,它是人文景观。其次是服饰、建筑、音乐等。人文景观具有旅游吸引力、历史性和文化性等特征,其表现形式多种多样,如文物、古迹、灵性等。因此,可以将人文景观归纳为:是指具有一定历史、文化、某种物质、精神等方面的旅游吸引物。

人文景观可分为以下四类。

①文物古迹:包括古文化遗址、历史遗址和古墓、古建筑、古园林、古寺、摩崖石刻、古代文化设施和其他古代经济、文化、科学、军事活动遗物、遗址和纪念物。例如,北京的故宫、北海,陕西的兵马俑,甘肃莫高窟石刻以及象征中华民族精神的古长城等,这些闻名于世的游览胜地,都是前人为我们留下的宝贵人文景观。

②革命活动地:革命根据地、战场遗址、遗物、纪念物等是近代革命者和民众参加革命的地方。比如,井冈山,它的人文元素是"中国革命的发源地,老一辈的革命家们的奋斗之地",它独特的人文景观是毋庸置疑的。而绍兴这个打着"鲁迅牌"的旅游胜地,鲁迅故居、三味书屋、鲁迅纪念馆等都是这种人文景观。

③现代经济、技术、文化、艺术、科学活动场所形成的景观:比如,高档的音乐厅、剧院、各种展览馆、博物馆等。农业示范园、农业观光园等将科学研究、科普、观赏、参与结合为一的旅游观光地,也是一种人文景观。

④地区和民族的特殊人文景观:涵盖了区域特有的风俗习惯、风俗习惯、特殊生产、贸易、文化、艺术、体育、节日活动、民居、村寨、音乐、舞蹈、壁画、雕塑艺术和手工业等方面的内容。比如,近年来的旅游业"旺地"云南,除了天然优越的地理

环境之外,还得益于当地各族特有的婚俗习俗、劳动习俗、村寨民居形式、节日活动等。

建筑师不仅可以查阅文献资料,还可以利用以往的规划等方法,对该区域的历史资料进行深入研究,并与当地的住户进行交流,从而更好地理解该区域的地理,从而使设计者能够从全新的角度来观察和进行创意设计。

2. 民俗风物

民间风俗,是由民间流传下来的具有世代相承特征的民间文化事件,是具体而具体的。一个国家的特点是遗传下来的,一代代传承下去。这样的"遗传现象"发生于人类身上并不罕见。民俗学的内容有二:一是它的诞生与传承。二是民族习俗要有一种"世代相传"的特征。山水,是一种地域的自然风光和特征,一般都是用来概括的。

民间风俗,是各个民族特有的风俗和生活用品的特点。它具体表现在衣着、居住、饮食、娱乐、节庆、婚恋、丧葬、生产、交通、乡村等方面的风俗习惯和禁忌上。事实上,不同国家、不同地区,乃至不同民族的不同族群,每一种民间文化都存在着不同差异,构成了不同民族的民间文化表达方式的复杂性和多样性。

民间传说是人类最直观的生存形态,蕴含着极其丰厚的象征性。不管是在日常的生活中,或是在某一特定时刻进行的结婚、葬礼、节庆等,都具有极为鲜明的象征意义。民间象征的表现形态是多种多样的,他们通过民间象征、象征行为、特殊的数字与颜色表现。"象征性"是民间生活中含有具有象征性的器具和物件,这些物件在节庆、生命礼仪等活动中占有突出地位,是人们传递信息、表达思想感情的主要媒介。符号性是指在民间生活中所采用的某种特殊意义的礼仪和其它活动。

随着社会生产、生活的日益机械化、近代化,人们越来越渴望透过旅行来开阔眼界,接触、了解外国的风俗,以更真实地体验不同的生活。很明显,外来民族的风俗习惯、服饰特征、劳动方式、节日活动、土特产、手工艺品、饮食等民俗风情,对游客有着很大的吸引力。民俗风情也成为了风景景观的一个重要内容,也是景观的设计元素与资源。

3. 适宜该场地的理想生活模式

景观空间的设计,实际上是以客观材料为依据,在现代环境科学的研究成果的指导下,以创建一个理想的居住空间。而对理想的居住方式与居住方式的探讨,也是人类永不终结的远景。在实地考察时,如果能够认识或预测该地区的居住方式,按照居住方式进行空间规划,并进行景观空间的详细设计,既能增强景观空间的凝聚力,又能充分利用空间,节约资源。

这些分析工作,有利于我们在下一步的设计中把握场地的人文特质。在实际项目中,很多优秀的景观空间设计都是以人文为出发点进行规划设计的。

(三)对场地的地形地貌分析

第一,场地坡度分析——分析并找出适宜的建设用地,减少对场地的人为破坏。

第二,场地坡向分析——区别阳坡和阴坡。

对于景观空间设计而言,地形的变化是一个有利的因素,我们可以加以利用,因地制宜地设计景观空间。

(四)对场地的生态物种分析

场地现状的生态物种对维护该地区的生态环境具有重要意义,例如,地表径流的生态涵养群落、地貌特征的特殊植物群落。我们有义务保护和重建这些生态社区。

(五)场地现状的地质水文资料

场地现状的地质水文资料也是景观设计的重要条件。地质环境的差异,使其具有不同的自然景观特征,其中,地下水的高度和是否存在天然泉水,在园林设计中显得尤为重要。

(六)场地现状调查

现场现状调查主要是对现场技术数据的采集、实地踏勘、测量。我们应该按照场地大小和用途划分出优先级,进行调查了解。场地现状调查具体包括以下几个内容:

1. 自然条件

(1)地形——按坡度的大小用由淡到深的单色作出坡级图。

(2)水体——明确位置、水深、最低和最高水位、长年水位、洪涝水位及范围、岸带形式、驳岸的稳定性、地下水位、水质、污染源、污染物成分、分水线、汇水线、流向、强度。

(3)土壤——类型、结构、pH 值、含水量、承载力、抗剪切强度。

(4)植被——种类、位置、数量、分布、可利用程度。

2. 气象

(1)日照:完成落影平面,定出永久日照区、冬至日影图、夏至日影图。

(2)温度、风、降雨:年平均温度、最低和最高温度(包括月平均);风向和强度,夏季及冬季主导风向;年平均降雨量、降雨天数、阴晴天数;最大暴雨强度、历时、重现期。

(3)小气候:较准确的数据要通过多年的观测累积才能获得,通常是随同有关专家实地观察,合理评价和分析场地地形的起伏、坡向、植被、地表状况、人工设施等对场地的日照、湿度、风、温度条件的影响。

3. 人工设施

(1)建筑及构筑物——了解其使用情况、平面、立面、标高、与道路的连接。

(2)道路和广场——道路的幅宽、平曲线、主点标高、排水形式等;广场的位置、大小、铺装、标高、排水形式等。

(3)各种管线——包括电缆、通信、电线、给排水管、煤气、天然气等各种管线的位置、走向、长度、管径和一些技术参数。

4. 视觉质量

(1)场地现状景观——从形式、历史文化、特异性方面来评价现有的植被、水体、山体、建筑等景观的优劣,同时标出主要景观点的平面位置、标高、视域范围。

(2)环境景观——即介入景观。在图上标出确切的位置、视轴方向、清晰程度以及简略的评价。

5. 范围及环境

(1)范围——标明用地红线。

(2)知觉环境——总体视觉质量、噪声和空气污染的情况。

(3)城市发展规划——了解场地的用地性质、发展方向、交通、管线、水系、植被等系列专项规划的详细情况。

第四节　景观空间创意思维模式

景观空间的构建离不开人,而人的创作与思想是密不可分的。在景观设计中,设计师们经常会讨论如何运用景观设计的方法与思路。人类的认知随着社会的发展而不断地发展,在现实的空间设计中,人们对于感性和理性的认知也逐渐趋于成熟。现在的景观设计手段越来越多，一个没有独立思考的人，是无法创造出创造性的设计的，如果没有自己的思想，一个人的灵魂就会被掏空，只有拥有自己独特的设计理念，才能在景观设计中独树一帜。

景观设计是一门综合性很强的设计门类，其知识体系基于环境设计，将艺术学、建筑学、社会学、民俗、人类文化史、生态学等诸多学科有机地结合在一起。需要设计师具有细致的思想和流畅的思维，所以，在景观设计中，思想的表达非常重要。

一、设计思维的定义和内容

设计思维指的是在设计过程中间接地、概括地、综合地反映客观材料和情感，强调科学的合理性。

设计思维能够创造性地解决问题，并期望未来的成果得到改善。设计思维鼓励最大程度的投入和参与，并参考有价值的信息以推动创新。有价值的信息包括艺术创新、灵活的思维，团队合作，最终用户关注的焦点和好奇心。

二、常用创意思维模式

(一)设计思维过程

阶段一：阐释

在此阶段，设计者主要需要确定问题的解决，并与相关人员达成一致意见。同时，按要求确定项目优先顺序，明确哪些因素有助于方案的成功。

阶段二：研究

在此阶段，设计者应清楚地了解设计中存在的所有现实障碍因素，收集项目已有的资料，对场地进行考察分析，发现存在的问题，收集实例解决类似问题。注意方案各方的支持者、投资者和评论家，并与终端客户进行讨论，获得最有成效的创意。需要注意的是，重点考虑有经验的专业人士或者有经验的前辈。

阶段三：形成概念

设计师在确认最终用户的需要和动机下，提出尽可能多的想法服务于这些确定的需要。可以采用自由讨论会议记录的方式，从而形成设计概念。

阶段四：发展

综合、扩展和提炼设计概念,创作多个草稿,针对不同类型的人员,征求各方反馈意见,向委托人提出概念的选择,保留设计判断。

阶段五:选择

再次回顾设计目标,选择最为有效的概念,抛开情感因素,尽可能地选择委托人和设计专业从业者双赢的设计创意。

阶段六:实施

在确定创意方式的前提下,设计者开始分配具体任务,执行人员的配置与工作内容,把设计进度传达给委托人。

阶段七:认识

根据委托人的推测与反馈,设计师确定解决方案是否适合目标,如果方案需要修改,应通过讨论解决,并且估计成功程度,做好收集资料工作,形成具体成果。

(二)创意思维操作性的过程

阶段一:磋商

与设计师通过会谈讨论委托人的要求和意图,设计人员首先对场地进行了实地考察与评估,确定场地的主要影响因素,包括地形、场地内外的现状及现状,并提供大致的意见,并与供委托人商讨。

但有一点要注意,如果设计师只是按照委托人的要求去做,那么设计师就会沦为一支画笔。作为一名设计师,在满足委托人最初需求的同时,尽可能地说服委托人接受设计师的建议。比如卒姆托的瓦尔斯温泉,在1986年的比赛之后,项目就陷入了困境,原因是开发商在项目的基础上加入了"料"。卒姆托并没有指出这个问题的可行性,而是在最初的几次尝试中,告诉委托人,在早期的印象主义绘画中,"块块"的面积要比后期的多得多。这不是卒姆托胡乱画的,他只是想用"项目设施"来装开发商的东西。最终,工程的总成本达到4400万瑞郎,超出了委托人最初的需求。在这个时候,卒姆托给开发商提供了一个很好的意见,将这个计划的内容砍去了一半,并且从一个奢侈的浴室到一个"追求地方性的古朴的浴场的设计"。

在这一阶段,我们获得了两个重要的消息:首先,卒姆托和其他团队成员,必须通过项目的盈亏、融资、可操作性来说服开发商。这意味着卒姆托已经预见到,如果再建一个奢华的澡堂,将会有很大的失败危险,因此他说服了委托人。其次,从奢华到朴素,这要比"钱"更困难。在卒姆托的日记里,我们发现卒姆托在一次向全城的居民报告中,展示了一座由本地石头制成的、注满了水和灯光的模型。

卒姆托是如何预测这个计划的成功的？这是一种经验。在设计工作中，积累的经验是每个设计师都必须具备的技能。随着时间的推移，大部分的设计师都会成为客户的顾问，甚至是客户的制作者。

阶段二：场地分析

在考察基地的基础上，设计师创作工作草图。需要注意的是，设计师要对场地条件作出判断，提出设计方案。例如，如果有植物，哪些植物要保留？地形是否需要改造？哪些元素要去掉？哪些场外景观需要遮蔽？哪些要充分利用？

阶段三：初步设计

基于先前的现场分析，编制设计概要，回顾设计的目的，或者参考相同的领域，或者类似的设计实例。有些设计师喜欢采用策划的形式，将本次设计中需要解决的问题和相应的应对措施，使设计方案的概念或具体实现。也可以用素描把现场的各个部分组织成一个整体。为了创造多种想象，还可以将立面图与设计者的设计意图相结合。然后，依据客户的反馈，进行项目的开发，将一个或多个不同的方案合并在一起，再进行初步的方案设计。

阶段四：后期设计

询问多方面的意见，可以是委托人、园林景观专家或者施工方等相关人员，评审初步方案设计，设计师对设计过程和结果进行总结与评价，包括设计未来改进办法。一般这个阶段也是招投标的最终阶段，在这个阶段委托人可能会对多家设计单位进行综合考量，包括设计最终效果、报价等，以期以最有利的设计来完成本次项目。

阶段五：修正

在方案确定后，根据委托人再次的反馈意见修订与发展设计方案，将方案全过程进一步细化，在这个阶段有能力的设计单位还会出具相关的景观施工图。

景观设计是一种艺术和实践相结合的艺术和技术。随着设计理论的信息化和多元化，各种新技术的涌现，设计者必须具有创造性，并在合理的基础上进行大胆的突破。与其他工业设计相比，景观设计的发展显得有些落后。一个设计的完成是一个复杂的流程，包括不同的人、不同的基地环境、不同的设计需求，以及不同的关系。景观设计师的工作就是要了解、运用、保护、改造、营造合适的景观效果。

第六章
可持续景观设计方法

第一节 可持续景观设计策略与方法

景观环境中依据设计对象的不同可以分为风景环境与建成环境两大类。前者在保护生物多样性的基础上有选择地利用自然资源,后者致力于建成环境内景观资源的整合利用与景观格局结构的优化。

风景环境中的人类活动干扰很少,大部分的过程都是纯自然的,许多原始生态地区,如风景环境保护区等,都属于这种类型,因此,要尽量减少人为干扰,减少人工设施,维持自然过程,不会损害自然系统的自我再生能力,无为而治更合乎可持续精神。此外,还有一些景观环境受到了人为的影响。这些环境因其用途而发生了不同程度的变化。对于这一类型的景观环境,应根据其所处的位置和使用要求,分别采取相应的处理方法,或以恢复其原有的形态为目的,或者是通过人工的改变,优化景观的布局,将人的活动过程有机的融合到自然的景观之中。

在建成环境中,人为因素占主要地位,湖泊、河流、山体等自然环境在"人工设施"中以碎片化的方式出现,城市道路、建筑物等将生态走廊分割开来,形成了各自独立的区域,相互之间缺乏联系和交流。在城市环境建设中,要充分发挥自然环境的优势,注重与自然景观的连接。同时,对部分景观环境不尽如人意的区域进行了合理的整理与优化,使之更好地满足人民的物质与心理需要。

长期以来,人们认为,景观环境的营造是以人为主体,以人为中心,在"尊重自然、利用自然"的基础上,导致了诸如水土流失、土壤理化、水体富营养化、地带性植被消失、物种单一等生态问题,景观环境的建设并未能真正从生态过程角度实现资源环境的可持续利用。可持续的园林规划不仅要注重表面的表现和外部形态,还要从内部的机理和进程来研究各种区域的生态特征,并对其自身的优势和劣势进行分析,以最大限度的发挥其优势,填补实际的缺陷,实现总体的最佳状态。

一、风景环境规划设计

(一)风景环境的保护

生态环境的保护与维护是城市景观环境规划设计的首要条件。可持续发展的景观环境规划与设计旨在保持生态系统间的均衡、生物多样性和可持续发展。

城市园林的环境规划与设计要坚持"生态优先"的理念,把生态保护放在首位。景观是自然的"本底",是人自然的。合理的景观环境管理不仅能保持整个区域的生态系统、丰富的生物种类以及它们的生存环境,而且对保护和提高区域的生态平衡具有重要作用。

根据对象的不同,风景环境的保护可以分为两种类型:第一类是保护相对稳定的生态群落和空间形态;第二类是针对演替类型,尊重和维护自然的演替进程。

1. 保护相对稳定的生态群落和空间形态

生态系统是指多个种群并存的群体,其稳定性可以划分为局部稳定性、整体稳定性、相对稳定性和结构性稳定性四大类。稳定性,具有抵抗和适应外部环境变化的适应性。生态系统的复杂构造,使其具有复杂的多样性,形成了不同的空间格局。景观生态保护区既可以保持生态系统的完整性,又可以保持生态系统的稳定性,还可以有效地保护特殊景观的空间形式。

要切实保护生态群落及其空间形态须做到以下两点:

第一既要注意保护区域的生态环境破碎,又要注意保护区域原有的生态形态与作用,维护区域的多样性与稳定。对该地区的生态因素、种间的相互影响进行了科学的探讨与分析,并采取了相应的措施,对现有的工程项目进行了严格的控制,尽量降低对现有的自然环境的损害,维护了该地区的自然生态环境和其内部的生境构成,并将该地区的生态环境与其进行了调整,维护好的生态社区,促进该地区的良性发展。

第二要注意避免生物入侵给生态环境带来的威胁。所谓生物入侵,就是将一种生物从原有的地域向新的地域扩散,并使其后代得以繁衍、维持和扩散。生物入侵会引起区域性的区域物种的绝灭,使生物多样性消失,进而破坏原有的空间格局。在自然条件下,入侵的可能性很低,大部分的生物入侵都是由人类的直接或间接的作用引起的。

163

2. 尊重和维护自然的演替进程

群落演替是指群落从数量的累积到数量的变化,从而形成一种新的群落。在演替过程中,从先锋型到顶极型,从次序到顶极型,都是顺向的。随着顺向演替,群落结构逐步趋于复杂,而从顶极型到先锋型则逐步演化为反向演替。逆向演替导致了生态系统的退化,使群落结构变得更加简单。

自然的保护过程是指在景观环境中,对具有特殊特征的特殊演替形式进行维护的一种方法。这种类型的演替常常是很有研究价值和观赏性的。在合理利用自然生态系统的演替过程中,尽可能地降低人类活动对生态系统的影响。

在人工造林中,由于人为因素的影响,在一定程度上降低或消除了人为因素,使其具有一定的自然性质。比如南京紫金山,经过太平天国运动,到民国初期,大部分的山上都被毁掉了。因此,有选择性地进行人工造林的开发,将马尾松等具有较强的阳性树作为主要的先进性树种。之后的一百多年中,随着自然演替的力度和进程的加快,壳斗科阔叶林的大规模恢复,尤其是落叶树种。紫楠等常绿阔叶林在 30 多年间,在适宜的温度、湿度和光照条件下,随生境条件的改变而快速恢复。南京北极阁的次生植物在施工中受到了一定程度的损害,但是在自然演替中,次生植物逐渐得到了恢复。从这一点可以看出,人与自然之间的关系常常是"此消彼长"的二元对立。

采石宕口是一种特殊的、极端的生态环境。宕口坡面高且陡,植被生长条件十分苛刻。当前,由于对采石宕口生态环境的认识不足,导致宕口复绿项目存在着一定的盲目性、任意性,盲目地进行人工修复,不太妥当。在对此类严重破坏生态系统的自然演替初期,应充分认识其土壤环境、水环境和植被的特性,遵循自然的自然恢复过程,以自然恢复为主,人为过程为辅。

3. 科学划分保护等级

(1)保护等级划分

保护原生动植物,应从重点保护的生态环境中找出适合生物迁徙和遗传转移的生态走廊。研究和建立动物生境中的斑块和走廊,使人类活动对动植物的影响最小化,以保存现有的动植物。

为了加强生态环境保护的可操作性和景区建设的管理,将生物多样性保护与生物资源持续利用有效结合,可以将景区划分为四个保护等级。

第一,生态核心区是指在生态保护中起到重要作用的生态走廊和具有重要意义的景观特征的地区。主要由重点林区、斑块、走道等组成。本地区对人工建筑和人类活动进行了严格的控制,使其最大限度上维持生态系统的自然演替,维持遗传和物种的多样性。对于生态核心区的确立,往往要遵循以下原则:

①典型性原则:在自然风景环境中,应该对具有典型地带特色的生态环境实施保护;

②稀缺性原则:对风景区环境中的特色斑块、稀有物种存在区域应该予以保留、保护;

③多样性原则:生物多样性是衡量生境系统稳定性的一个重要指标,生态保护应该有效维护其多样性;

④脆弱性原则:对生境条件较为薄弱的地带实施保护,有效提升该地区的生态环境。

第二,生态过渡区指生态保护和景观特色有重要作用的区域,包括一部分原生性的生态系统类型和由演替系列所占据的受过干扰的地段,包括人工林、山地边缘、大部分农业种植区和水域等。该区域应控制建设规模与项目,保护与完善生态系统。

第三,生态修复区指生态资源和景观特色需要恢复保护的区域。该区域针对基地现状生态系统特征,有计划地加以恢复自然生态系统。

第四,生态边缘区指受外界影响较大,生态因子欠敏感地带,主要分布在基地外围及道路边缘地区。该区域可以结合功能要求,适当建设相应的旅游活动区域与服务设施,满足游人的使用要求,完善景观环境。

(2)风景区生境网络与廊道建设

景观破碎度是衡量景观环境破碎化的指标,亦是风景环境规划设计先期分析与后期设计的重要因子。在景观规划设计中应注重景观破碎度的把握,建立一个大保护区比有相同总面积的几个小保护区具有更高的生态效益。不同景观破碎度的生境条件会带来差异化的景观特质。

单个的保护区只是强调种群和物种的个体行为,并不强调它们相互作用的生态系统。单个保护区不能有效地处理保护区连续的生物变化,只重视单个保护区的内容而忽略整个景观环境的背景;针对某些特殊生境和生物种群实施保护,最好设立若干个保护区,且相互间距离越近越好。为了避免生境系统出现"半岛效应"(peninsula effect),自然保护区的形态以接近圆形为最佳。当保护区局部边缘破坏时,对圆形保护区中实际的影响很小,因为保护区都是边缘,而矩形保护区中,局部边缘生境的丢失将影响保护区核心内部,减少保护区的面积(张恒庆,2005)。在各个自然景区之间建立廊道系统,满足景观生态系统中物质、能量、信息的渗透和扩散,有效提高物种的迁入率。

(二)风景环境的规划设计策略

1. 融入风景环境

在风景环境中,自然因素占绝对优势,自然界在长期的进化中,形成了一系列自我调控机制,以维护生态平衡。其中土壤、水环境、植被、小气候等是影响生态平衡的重要因素。风景环境规划设计是为了适应人类的需要,通过与自然的对话,在满足自身内在生物和环境需要的前提下,实现人类活动的有机循环。各种自然生态形态都具有一定的合理性,都是顺应自然发展规律的产物。

一切景观建设活动都要从人与自然之间的关系入手,做到对自然的尊重和保护,尽量减少对环境的消极影响。人的影响应遵循最小介入的原则,利用最少的外部干扰来实现环境的最优创造,使人的活动成为自然的一部分,从而实现与自然环境的有机结合。要达到可持续的景观环境规划,其核心内容就是尽量减少人为因素对生态系统的不利影响,把人的建筑行为作为生态系统的一个重要组成部分。生态学理念与中国传统文化有相似之处,其思想体现为对自然的尊敬,其方式具有整体与联系的特征。中国传统文化的"天、地、人"三位一体的思想,就是从整体的环境概念出发,对问题进行分析和解决。

作为人类活动的一部分,设计必然会在一定程度上影响景观和环境。可持续景观设计是指通过合理的设计方法,实现对自然环境资源的有效利用和能量的再循环,保持和优化区域的自然进程和原有的生态模式,提高生物多样性。实现以生态为目的的景观发展,既不能与景观环境特性相竞争,也不能干涉自然过程,例如,季节迁徙等。保证人类活动对生态系统的影响,在一定程度上不会造成生态系统自我演替和自我修复功能的恶化。人工设施的建造和运营是否合理,直接关系到景观环境的可持续发展,从项目类型、能源利用到后期的管理,都是园林设计者必须认真考虑的问题。

2. 优化景观格局

风景环境的景观格局是由自然过程和人类活动的干扰驱动形成的,是景观异质在空间上的综合体现。同时,景观格局也是特定的社会形态中人类的活动与经济发展状态的体现。要实现景区景观资源的可持续发展,必须调整用地类型,优化景观布局。

景观格局的优化主要是通过对生态环境中不太理想的区域、地区进行有序的重新组合,比如林相的调节、重建等,从而达到整体的功能。风景环境景观布局优化是指对自然景观结构、功能、过程进行全面认识,并根据最佳的目标和标准,从空间和数量两个方面对景观进行优化,以达到景观生态效益和生态安全。

风景环境格局有其特殊性,在优化景观格局时必须把握其生态特征与自然进程,并将其作为景观结构优化的一个关键环节。自然环境和人造环境在漫长的历史中不断演化,这是多种环境因素的共同作用。环境因素往往是相互影响和制约的。景观规划设计应该以综合、系统的方式处理和重组环境因素,促进环境因素的总体优化,强调环境因素之间以及它们与环境之间的相互作用。

3. 修复生境系统

生境破碎是指一大块连续生境由于某些原因,不仅面积缩小,而且最后分裂为两块甚至更多的区域。在栖息地遭到破坏时,会产生许多不同尺寸的碎片,彼此分离。栖息地的碎片化倾向于限制了植物的传播。总体上讲,生态系统自愈能力强,逆向演替机制较好,但目前的景观环境不仅受自然因子的作用,而且受人为因素的影响。人为的建筑活动使自然景观格局发生变化,造成生态环境碎片化,生态环境遭到严重破坏。栖息地的丧失与破坏是造成生物多样性丧失的一个重要因素。栖息地的丧失造成物种的快速死亡,而栖息地的破碎则会引起生物的生存和活动,从而引起生物的入侵。能够在大范围内生活的生物,其传播能力普遍较差,因而最容易被破坏。景观环境中的一些地区,因人类活动的干扰和破坏,使其生境品质不断下降,造成生物多样性下降。

生境系统修复的目的是尽量让受损的生态环境恢复其原有的生态功能。关于生境修复,日本著名生态学家山寺喜成等认为应当通过人工辅助的方法,使自然本身具有的恢复力得到充分发挥,必须从“尊重自然、保护自然、恢复自然”的角度来进行生境恢复设计。

因此,在生态修复中,最主要的思想就是利用人为的调节作用,使退化的生态系统逐步回归到正常的演替状态。生态环境的消失,导致生态系统的结构和功能发生改变。人工栽培的生态环境和天然植被生态系统的生态结构存在着明显的差异。以自然恢复为主,人工恢复为辅。自然生长能使生境得到有效的修复,但在自然生境的演替中,适当地引进合适的植物可以加速其修复进程。

二、建成环境景观设计

建筑环境与风景环境不同,人工因素占主导地位,而自然环境则是次要的。

随着经济社会的不断发展,城市用地规模扩大,城市的用地承载能力已经超过了城市的承载能力,城市的生态系统受到严重的污染,河流、绿带等自然的流动网络受到了阻碍,城市的自然状态也被迫发生了变化。同时,大片的天然山丘,由于河道的发展,使天然的绿色植被逐渐消失,人工设施的不断扩张,即使在原有的绿化空间中,也不能完全补偿原有的绿化。城市中的天然元素以斑块的方式分布,形成了一个独立的生境岛,没有任何连通,物质流、能量流无法在这些区域中流通、交换,造成了斑块的生境结构单一,生态环境十分脆弱。

可持续景观设计理念需要景观设计师对环境资源理性分析和运用,对环境资源进行合理的分析与利用,以达到长期的效益。根据建设环境的生态特性,有三种解决方案。

第一,整合化的设计:统筹环境资源,恢复城市景观格局的整体性和连贯性;

第二,典型生境的恢复:修复典型气候带生态环境以满足生物生长需求;

第三,景观设计的生态化途径:从利用自然、恢复生境、优化生境三个方面入手,有针对性地解决不同特点的景观环境问题。

(一)整合化的设计

景观环境是一种特殊的生态系统,它包括了多种单一生态系统与各种景观要素。因此,必须对其进行优化。首先,加强绿色基质,构建高密度的绿廊网络;其次,注重景观的自然进程和特点,使景观与整个城市的生态系统相融合,突出其天然属性,严格控制人为因素对绿化斑块造成的破坏,实现自然与城市的和谐统一。

城市景观生态系统的延续与完整,即城市中剩余天然斑块的维护与建立。通过修建人造走廊,使独立街区间的交通联系得以建立,形成一个比较完整的城市生态系统。通过对不同生境之间的相互联系,使不同生境之间的物种、群落和生态进程保持一定的连贯性。从郊外延伸到城市中心的一条楔形绿廊,将散落的绿带连成一体。联系程度越高,则生态环境越趋均衡。同时,通过设置生态走廊作为通风通道,将城市周边的绿色空间引入城市,从而提高城区的环境品质,尤其是与主要风向平行的走廊,其功能更为显著。以水系走廊为例,水环境不仅是文化和休闲活动的载体,同时也是一条连接不同区域的景观生态走廊。滨水区是生物多样性最强的区域,也是各种生物迁徙的主要途径。在城市水系走廊的规划和设计中,必须设置一个与城市水际生态联系的保护区域;通过各个分支系统,保证自然能量流和生态流的流动和持续流动,在景观结构上形成以水系为主要骨架的"绿色走廊"。

从更高的角度来说,这是一种综合的城市规划,包括以建筑、园林、各种自然生态景观组成的城市自然生态系统。设计重点是处理城市公园、广场景观和其他类型的绿化,将生态环境、城市文化、历史传统、现代观念和现代生活需求结合起来,提高生态效益、景观效果和共享性。各种自然生态景观设计的关键是要加强城市生态环境建设,增强城市生态效益,营造一个安全的生态环境。

在进行城市景观规划时,既要以城市为中心,又要避免不合理的土地利用,要有规律地维护自然生态系统,尽可能减少对环境的影响。我们应该从地域层面进行景观设计,将城市纳入更广阔的乡村空间,达到更好的连贯性和完整性。同时,要充分发挥边境线上的自然景观特征,形成具有地域特色的城市景观,并构建起一套系统化的城市景观体系。

建筑环境的整体设计应达到两个目的:一是保持自然生境、绿色斑块,使其成为自然水生、湿生、旱生生物的生境,并保持垂直和横向的生态进程;二是,开放的空间环境,让人们能够充分感受大自然的变化。因此,以人工生态为主体的景观斑块要素进行城市园林设计时,要追求景观的多样性,追求景观的整体效果,追求植物种类的多样性,并将其作为走廊或斑块,使其与周边绿化相结合。

建成环境的整合化生态规划设计反映了人类的一个新的梦想,它伴随着工业化的进程和后工业时代的到来而日益清晰,从社会主义运动先驱欧文(Owen)的新和谐工业村,到霍华德(Howard)的田园城市,再到二十世纪七八十年代兴起的生态城市以及可持续城市。这种理想是将自然与人工、形式与生态的完美结合,使风景环境从孤立的都市空间中脱离出来,融入千家万户。让大自然融入我们的日常生活中,使人们重新认识、体验和关注大自然的过程和设计。城市绿地布局与规模应着重于对城市生态系统、生态环境、生态环境状况、防灾减灾等方面进行布局,以生态要素和自然要素有机编织成绿色生态网络,将人工要素和自然要素有机编织成绿色生态网络。

19世纪末,景观建筑师欧姆斯特德和艾略特意识到在城市环境建设中维系自然资源的重大意义。河流、港湾、海岸线、邻里公园和环抱的小山都是为波士顿注入特色和活力的元素,这些丰富的天然景观要素造就了今天的波士顿式典范。欧姆斯特德的代表作品——"绿宝石项链"就是通过把城市中一系列绿地与自然地连接起来而形成的杰作。波士顿"蓝宝石项链"计划是继承欧姆斯特德的"绿宝石项链"精神,由一串公园和开放空间组成一条7千米长的延续的步行系统。

要实现城市可持续发展,必须建立全局意识,做到从观念到行动的转变,面对目前的严峻的生态环境形势以及目前的局部化、片面化的景观规划设计,走向可持续的景观,是人类不断提高自身生活水平的必然选择。从设计的角度看,可持续的景观设计已不再是单一的设计方法,而是要以整体的设计为主导思想,并将其作为基本的设计准则。在评价取向上,要改变单纯以审美为评判标准,以可持续景观价值为基本准则。同时,可持续的景观必须充分考虑周边的生态环境,以其最原始的形式与人类内在的美学价值相契合。

美国的城市生态学家受可持续发展思想的影响,认为城市发展要重视城市生态环境的变迁,使之成为一个与"人"共存的自然系统。城市发展要回到具体的生态环境格局中去,逐渐形成一个与自然相结合的城市空间格局。城市发展的理论依据是景观生态学和都市生态学,使其成为更具体、更具空间组织性的生态都市。生态城市的建设可以很好地解决城市规划中存在的空间和自然生态的障碍。在城市发展规划中引入了生态城市的概念,加强了城市生态和城市绿化的共生共存。

生态城市的构建是以可持续的景观生态规划为基础的。"生态城市"是对工业文明的传统城市化运动的一种反思和扬弃,它体现了工业化、城市化和现代文明的融合与和谐,是人类从灰色文明到绿色文明的自觉战胜"城市病"的伟大创造。生态城市的构建是一个循序渐进的系统发展与功能的完善。推动城市和地区的生态环境向绿化、净化、美化和活化的可持续生态演化,为社会和经济的发展奠定坚实的生态基础。德国埃尔兰根、澳大利亚的哈利法克斯生态城、巴西的库里蒂巴生态都市、丹麦的哥本哈根,都是生态城的典型。

(二)典型生境恢复

所谓物种的生境,是指生物的个体、种群或群落生活地域的环境,包括必需的生存条件和其他对生物起作用的生态因素,也就是指生物存在的变化系列与变化方式。生境代表着物种的分布区,如地理的分布区、高度、深度等。不同的生境意味着生物可以栖息场所的自然空间的质的区别。生境是具有相同的地形或地理区位的单位空间。

现代城市是脆弱的人工生态系统,城市生态系统是不完备的、开放的,需要其他的生态系统来支撑。由于人类活动日益增多,环境日益恶化,可再生资源急剧减少,人类与自然之间的矛盾愈演愈烈,景观设计是一种有效的减轻环境压力的方法,强调对生态的追求,因此,城市的景观环境规划与可持续发展的思想是相互促进的。

典型生境的恢复主要是指在建设环境中发生的区域生境破坏。生境的恢复包括土壤、水环境等基础因子的修复,也包括对当地植被、动物等生物的恢复。在进行景观环境规划时,必须对基地的环境进行全面的认识,对典型栖息地的恢复要从其所在的气候区特点出发。一个适宜于地点的景观环境规划与设计,首先应从当地的整体环境中得到启发,并根据当地的生物气候、地形地貌等因素,合理运用当地的资源、植物资源,对当地的自然物种进行最大限度的保护和开发,确保场地的生态特性和生物多样性。

(三)景观设计的生态化途径

工业化造成的结果常常使城市人口急剧增加、污染日益严重,中国的城市生态环境受到了严重的影响,生态与发展之间存在着相互制约的矛盾。如何在发展与生态之间寻求一个合理的平衡,是中国当前和今后所要面对的重要问题。联合国发展署第一执行主任、里约热内卢全球"环发会议"组织者斯琼先生提出了挑战传统发展实力和传统做法的"生态发展"概念。这一观点对于我们目前所面对的问题,是一个值得思考的问题。

建成环境景观设计强调人与自然界相互关联、相互作用,保护和维护人类与自然界之间的和谐关系。生态化设计主要目的在于利用自然生态过程与循环再生规律,达到人与自然和谐共处,最终实现经济社会的可持续发展。

景观环境生态化途径从利用、营造和优化三个层次进行,根据目标中存在的环境因素差异,制定差异化的设计方案。生态化的设计方法是:通过对过去被忽略的自然生态特征与规律的掌握和应用,贯彻整体优先、生态优先的理念,努力打造出一种人工环境与自然环境和谐共存的、面向可持续发展的理想城镇的景观环境。在进行景观生态学设计时,必须具有较强的生态保护意识。在城市发展的过程中,保护自然生态系统是不现实的,但在城市发展的过程中,要遵循城市的生态规律,保护一批具有代表性的、有特点的自然生态系统,对于维护城市的生物多样性和调节城市生态环境都有很大的作用。

(四)利用、发掘自然的潜力

可持续景观建设必须充分利用自然生态基础。所谓充分利用,一是保护,二是提升。充分利用的基础首先在于保护。原生态的环境是任何人工生态都无法比拟的,必须采取有效措施,最大限度地保护自然生态环境。其次是提升,提升是在保护基础上的提高和完善,通过工程技术措施维持和提高其生态效益以及共享性。充分利用自然生态基础建设生态城市,是生态学原理在城市建设中的具体实践。从实践经验看,只有充分利用自然生态基础,才能建成真正意义上的生态城市。

无论是新城的兴建,还是老城区的更新,城市的自然环境要素都是最具有地方特色的。由于全球文化的融合和地域特色的缺乏,导致了"千园一面"的局面。挖掘区域特征,解读地景,充分发挥其地域性特征,是城市景观环境建设的关键。

可持续城市景观环境设计首先应做好自然的文章,发掘资源的潜力。自然生境是城市中的镶嵌斑块,是城市绿地系统的重要组成部分。由于人工设施的建设造成斑块之间联系甚少,自然斑块的"集聚效应"未能发挥应有的作用。能否有效权衡生态与城市发展的关系是可持续城市景观环境建设的关键所在。

生态观念认为,对环境的利用绝非简单的保护,就像对待文物一样,应该积极合理地开发和使用。从宏观上看,将分散在城市中心和周边的各个天然区域连接起来,以绿廊的形式将其串联起来,将城市置于绿色的"基质"之上;从微观上说,要维持自然环境的原有多样性,包括地形、地貌和动植物资源,以促进城市生态环境的健康发展。

1. 模拟自然生境

在经济社会快速发展的今天,城市的扩张对自然环境产生了很大的影响,而景观设计就是为了弥补这种不足,提高城市的环境质量。"师法自然"是传统园林文化的精华所在。自然生境可以很好地为植物的生长和立地提供环境,而模拟自然生境则是把自然环境中的生境特性引入城市的环境中,并在一定程度上利用人工配置来营造土壤、水等适宜植物生长的生态环境。

生态学给人们的景观审美观念带来了变化,20世纪60年代到70年代,英国兴起了环境运动,在城市环境设计中主张以纯生态的观点加以实施,英国在新城市及居住区的景观规划中,曾提出"生活要接近自然环境",但最终以失败告终。这种现象迫使设计者重新审视自己的举措,其结果是重新恢复到传统的住区景象,所谓纯生态方法的环境设计不过是昙花一现。生态学的发展并非是要求我们在自然面前裹足不前、无所适从,而是要在建筑的过程中寻求一种平衡。在实践过程中,人们的思维也在不断地进行调整,而景观设计师则是在寻求"生态化"和传统美学观念的结合和平衡。

2. 生境的重组与优化

针对建成环境中某些不具备完整性、系统性的生境进行结构优化、提升生境品质。生境的重组与优化目的明确,即为解决生境因子中的某些特定问题而采取的措施。

（1）土壤环境

土壤是生态系统的重要组成部分,是植物和动物的生命活动"工厂"。微生物在土壤中觅食、挖掘、呼吸、蜕变,并产生腐殖质。可以说在肥沃的土层上,所有生命是相互紧扣的。但在城市环境中,由于环境的污染,使土壤环境趋于荒芜,并不利于植物的生长。改变土壤环境,可以从以下两个方面入手:

第一,土壤改良技术,包括土壤结构改良、盐碱地改良、土壤酸化、土壤科学耕种、土壤污染防治。土壤结构改善主要是利用自然土壤改良剂和人造土壤改良剂,以改善土壤结构、增加土壤肥力、固定表土、保护耕地、预防土壤侵蚀等。盐碱地改良采用了井灌技术和生物改良技术。酸化土壤的改良主要是通过减少废气中的 CO_2 排放,阻止酸雨的发生,或者通过添加碳酸钠、硝石灰等土壤改良剂来提高土壤的肥力、增加土壤的透气性。通过实施免耕、深松技术,可以有效地解决因耕种方式不合理而导致的土壤板结、退化等问题。重金属污染的产生是通过对重金属的提取和处理,通过对重金属进行富集和运输,或者通过对污染土壤进行处理,从而达到氧化、还原、沉淀、吸附、抑制和拮抗等效果。

第二,利用表层土壤。表层土层是指全部土层中的上部,其生物累积能力普遍较强,腐殖质含量高,土壤养分丰富。在工程施工中,对表层土壤的影响常常被忽略,在挖掘的过程中,常被丢弃。恢复正常的生境要求有较好的土壤条件,而表土的使用对恢复和提高土壤的肥力起着关键作用,在生境修复中应尽可能避免使用客土。

（2）水环境恢复

水是一切生命的源泉,也是一切生物赖以存在的物质基础。水环境修复旨在解决一些有水体污染或有其他不良生长因素的地区。所以,建立合适的水体生态环境,是构建典型栖息地的关键。应针对建筑环境中各种典型生境的特点,进行有针对性的建设。

常熟沙家浜芦苇荡湿地,充分发挥了基地现有的场地要素和基础条件,以创建具有自然野趣的水乡湿地为特色。旅游景点的规划是基于对现有基地的大量研究,无论是线路的组织还是工程活动的安排,都是基于对基质特征的掌握。采用纵向设计,对原有种植滩面进行一定的调整,使其成为多层台地,以满足各种类型的湿地植物如浮水、挺水、沉水等需要。

三、集约化景观设计方法

(一)集约化景观设计

在生态环境规划中,要走节约型、环境友好型的发展之路,应以最少的土地、最少的用水、合理的资金投入,选择最不影响生态环境的建设方式,因地制宜,使其与周边环境和谐共存,为城市居民提供最有效的生态保障体系。节约型园林环境是创建资源节约型和环境友好型社会的重要载体,是实现城市可持续发展的生态基础。集约型园林并不是建造简陋、粗糙的城市环境,而是通过合理的投入产出比例,通过因地制宜,物尽其用,营造彰显个性、特色鲜明的景观环境,引导城市景观环境发展模式的转变,实现城市景观生态基础设施量增长方式的可持续发展。建筑绿化是指在园林规划和设计中,充分贯彻和贯彻"3 R"的理念,即减少、重复使用,循环利用,从而达到城市绿化的目的。

(二)集约化景观设计体系

在生态环境规划中,要走资源节约型、环境友好型的发展之路,应以最少的土地、最少的用水、合理的资金投入选择最不影响生态环境的建设方式,两段完全因地制宜,使其与周边环境和谐共存,为城市居民提供最有效的生态保障体系。节约型园林环境是创建资源节约型和环境友好型社会的重要载体,是实现城市可持续发展的生态基础。集约型园林并不是建造简陋、粗糙的城市环境,而是通过合理的投入产出比例,通过因地制宜,物尽其用,营造彰显个性、特色鲜明的景观环境,引导城市景观环境发展模式的转变,实现城市景观生态基础设施量增长方式的可持续发展。建筑绿化是指在园林规划和设计中,充分贯彻和贯彻"3 R"的理念,即减少、再利用、再利用、再利用,从而达到城市绿化的目的。

(三)绿色建筑评估体系(LEED)

从 20 世纪 70 年代能源危机开始,以节能、资源和减少污染为中心的可持续发展设计思想,已经成为园林设计师的主要目标。以生态科技为依托,对园林设计进行了再认识,打破了传统审美观念的局限。LEED(能源与环境设计)是美国民间绿色建筑的一项认证,因其在商业上的成功和市场的定位而获得了全世界的承认与效仿,尽管质疑声中不乏批评之声,例如美国价值观全球化对地方主义的冲击、美国标准的粗糙和松散,但这并未妨碍 LEED 的主流绿色建筑评估系统在北美、亚洲以及中国等许多国家的认同。LEED主要致力于降低对环境和家庭的不利影响,包括五大领域:可持续的选址计划、有效地使用可再生能源、物料及资源问题、室内环境品质。

LEED系统可以更好地将流程与最终目标相结合,也正是因为LEED认证系统中的量化流程,才使建筑的设计与施工更具可操作性。在旧城的更新和再发展过程中,"转变""再利用""插入""适应性再利用"已经成为欧美等城市发展的主要内容,就像旧城工业用地、废弃用地、旧城历史风貌街区的更新和改造一样,城市的改造步入了一个全新的历史时期。在城市发展的过程中,对旧功能与新的发展目标、新的环境现状进行了适应性的再利用,尤其是将部分闲置或被遗弃的城市土地转化成各种类型的景观用地,是当前我国城市发展的崭新的需求。对城市中存在的一些问题进行积极改造,使之焕发出勃勃生机,推动区域整体的和谐发展。

LEED在园林环境建设中的运用,不但可以对景观做出合理的评价,而且可以为规划服务提供科学的参考,也可以为建筑节能、环境负荷、资源利用和环境效益提供重要依据。

第二节　可持续景观设计技术

景观规划的一个重要目的就是要达到可持续的生态景观。可持续的生态系统需要符合自然法则,也就是最大限度地减少对环境的不利影响,同时又能有效地使用资源。生态理性规划法是以生态规律为基础,以自然规律为基础的理性规划方法,指出应根据土地利用状况及人的行为,创造出最优或最和谐的环境,并保持原有的生态系统运作。随着生态学等自然学科的不断发展,人们日益重视景观设计的系统性和可持续发展,其关键是要将自然因子,如小气候、日照、土壤、雨水、植被等,以及人工建筑、铺装等。对园林环境各因素统筹研究,使其在整体上达到最大程度和可持续发展。

一、可持续景观生境设计

(一)土壤环境的优化

1.原有地形的利用
在进行景观环境规划时,必须充分利用现有的天然地形和水体资源,最小限度地干扰生态环境,并使工程投资达到最大限度。可持续景观设计的一个重要原则是:尊重场地的地形,遵循地形地貌,把人造建筑和已有的环境相结合。首先,要充分发挥原有的地形地貌,体现并落实生态优先的思想;要重视对建筑环境的原有生态恢复与优化,使其原有生境功能得到最大程度的利用,真正保持生态平衡。其次,该遗址现存的地形地貌是自然或人为的长期影响,是自然与历史的一种延续和反映。它的空间分布是合理的,自然景观、历史、文化价值都很高,显示出强烈的地方特色和功能。最后,充分利用现有的地形,可以节省建设资金,经济效益显著。利用原有的地貌形态,包括利用地形等高线、坡度、走向、利用现有的水体、利用现有的植物资源等。

2. 基地表土的保存与恢复

一般来说,建筑工地的第一步就是"三通一平",然后就是挖掘地基,这样会造成大量的土方,一般情况下,都是从基地里运出来的。这一方法首先改变了土壤的固有构造,然后去掉了含有大量腐殖质的表层土壤,而底层的土壤则不适合种植。科学的方法是保存已挖出的表层土壤,等项目完成后再将表层土壤重新填入种植区,以利于快速恢复植被,增加栽植的成活率,达到事半功倍的目的。

在对园林环境进行基地化处理时,要充分利用表层土壤资源。地表土壤是在长期的地球化学作用下,由地表土壤所构成,适合生命活动,在保护和维护生态环境方面起着举足轻重的作用。土壤中的有机质、营养成分最多,通气、透水性好,既能为植物提供营养,又能维持土壤的湿度,减轻污染,缓解微气候。在天然条件下,1 厘米厚的表层土壤的形成需要 100~400 年的时间,这是非常罕见和重要的。地表土壤经过千万年的沉淀,是一种不可再生的资源,一旦被破坏,将造成难以挽回的损失,所以对基表土的保护与再利用显得尤为重要。同时,在一定的区域内,表层土壤与下部的土壤之间存在一个稳定的自然发生层序,在施工过程中,确保表层土壤的充填可以维持地表土壤的稳定,有利于植物的生长。

在城市园林规划中,要尽可能地降低土地平整的工作量,在无法避免的地区,要剥离、储存填土和建筑铺面,以便在需要改变土壤或改变地貌的绿化区域。在景观建设完成后,必须将建筑垃圾清理干净,并对同一区域的高质量表层土壤进行回填,以利于区域内的绿化。中国台湾中贝池的村落,在生态修复的同时,积极地对表土进行保护与利用,使土地的植被得到了快速的恢复。日本横滨若叶台住宅区,在平整场地时,首先将原来的表层土壤集中,并将其铺设于已改建的地面,以作绿化基质,整片住宅区内,共有约 60000 立方米的表土被保留。

3. 人工优化土壤环境

为适应园林生态环境的生态化和丰富的空间体验,必须在植物中增加植物培养基,即人造土壤环境。人工土壤环境的构建并非只有一个"土壤",要想形成不同的生态环境,往往需要各种物质的协同作用。

加州科学博物馆是旧金山第一个可持续发展的项目,面积达 10117 平方米,突出了生态环境的质量和一致性。伦佐·皮亚诺的建筑事务所邀请 SWA 和园林顾问鲍尔·凯法特来设计"绿色屋顶"。该项目将周围的自然景观分为三个层次,让其在建筑物的顶部跳跃,充满了勃勃生机。屋顶的轮廓被植物覆盖,与下面的设施,办公室和展厅形成了完美的结合。由于山体有 60 度以上的斜坡,对植物栽植不利,所以在栽植之前,设计师做了许多试验,设计出一套等比例的模型,以检验固定体系及建立多层排水体系。底部纵横交错的石笼网,既能作为屋顶的排水通道,也能支持用压缩的椰子壳制作的种植池。植物先在工地外面栽种,成活后再运到工地,人工将其置于防水隔热材料中。这些凹槽是支撑结构,在植物成长的过程中,会慢慢地分解,最后融入泥土中。屋顶灌溉基本上是由天然灌溉代替机械灌溉,除了节水耕作之外,屋顶上的雨水和流失的雨水都被循环利用。

(二)水环境的优化

园林环境中,广泛采用硬不渗透的路面,例如传统的沥青混凝土、水泥混凝土、湿贴石材等,都会导致地面水的损失。滨河绿地系统的生态功能被彻底破坏。一方面,人为景观环境中水分流失严重,造成土壤环境质量下降;另一方面,为了补偿园林中水资源的短缺,必须进行大量的人工灌溉,以避免资源的浪费。

改善水环境,一是以地表水、雨水、地下水为主要手段;其次为中水的利用,中水的使用费用高,容易造成二次污染,废水中的各种有害物质都会对环境造成危害,而且处理费用昂贵。研究表明,对于超过 50,000 平方米的居民小区,采用中水技术是可行的。例如,南京某住宅小区规划时,希望以中水回用来美化环境,但因其运行成本太高而被迫停用。因此,在现有技术没有明显改善的情况下,应谨慎使用中水。

二、可持续景观种植设计

近几年,在园林绿化建设中,过度追求"立竿见影"和"一次成型"的视觉效果,把种树误认为是移植老树,忽视了其生态功能,使许多绿化出现功能单一、稳定性差、易退化、维护费用高等问题。园林绿化的可持续发展强调了植物群落的生态与环境的双重价值。通过对天然植物群落进行模拟,恢复地带性植被,多用耐旱树种,以达到可持续的绿化效果。构建结构稳定,生态保护功能强,养护成本低,自我更新能力强的植物群落。

(一)地带性植被的运用

植物在自然地理上的分布表现出明显的地域特征,自然生长的植物种类和群落类型也不尽相同。在景观环境中采用的地带性植被,其适应光照、土壤和水分,外形美观、枝叶密集、扩张能力强,可快速达到绿化效果,耐污染,易于粗放管理,栽植后不需要频繁更换。地带性植被具有高的存活率、低成本,不需要过多的管理。此外,该地区植物群落还表现出高度的抗逆性,能够形成自建群落,并能有效地保护城市中的道路、居住区等生态环境,使其能够适应城市道路、居住区等生态环境,极大地丰富了植物的分布。地带性植物的根系较粗,能疏松土壤,调节土壤温度,增加土壤腐殖质,有利于土壤的成熟。

在适于立地条件的地区进行地带性植物的恢复,应当大量栽植演替成熟期的物种,优先选择本地树种,形成乔、灌、草复合结构,并在一定的条件下对野生植物进行抚育。城市的生物多样性是指城市居民生活和发展的需求,是维护城市生态系统平衡的重要依据。因此,物种的分布主要是本地和自然,而区域内的植物多样性和异质性的设计会使生物种类更加丰富,从而吸引昆虫、鸟类和小型生物的居住。南京一号线高架桥车站广场的景观环境设计中,采用了棒树、朴树、黄连、马褂木等多种落叶树种,营造出一幅四季分明的园林景观。

北京塞纳维拉居住区采用了杨木,形成了白杨乡土景观。利用最廉价但又极具地域特色的树种,既能提高居住品质,又能节省成本,还能提高小区的环境品质,达到可持续发展的目的。塞纳维拉居住区以新疆杨树为主要景观要素,通过简单栽植,用它的高耸、挺拔的姿态将建筑衬托得更加协调,形成最突出的区域特色和标志。同时,杨林下的草地被用来保持土壤水分和道路的植被。部分布置早园竹,点缀具有时令特点的花卉灌木,起到遮风避雨的作用,增加了视觉的乐趣,使其形成了简单有力的植物,它们共同构成了具有地域特色的景观。

强调地区植物的重要性,不能完全排除外来物种。譬如悬铃木、雪松等,在长江地区的分布很广。然而,现在许多城市的风景都是不经过人工或人工栽培的。在生长阶段,常需要大量的人工辅助,而且生长和景观效果不理想。就拿南京鼓楼北极阁广场的银海枣来说,每年都要保证其正常过冬,这给养护管理带来了很大的成本。而新引进的一些树种,因其不能适应气候,往往生长条件较差,无法达到其原产地应有的效果。引进外来树种需要经过一段时间的适应,需要很长的时间,所以引进时要谨慎。

(二)群落化栽植——"拟自然景观"

自然中的树木排列整齐,乔、灌、草级分布,树种之间的组合也有一定的规律。二者的结合既与生境条件有关,也与植物的生态习性有关。在园林设计师看来,采用人工仿生地带性植被来进行景观建设,既能增强区域特色,又能避免不合理的树种配置。对自然景观进行仿真是为了把自然环境的生境特性融入城市景观环境中去。通过模拟自然植物群落、恢复地带性植被的应用,可以建立结构稳定、生态保护功能强、养护成本低、自我更新良好的生态系统。

植被群落创造了模拟自然、原生态的景观。在栽植时,应注意栽植密度,过分密集会对植株的生长不利,进而影响整体的景观效果。在技术上,要尽可能地模仿自然法则来进行植物的布局和辅助设计,而不能违反植物生理学、生态学的法则强制进行植物的绿化。植物种植必须在一定的生态环境条件下,将植物群落本土化,并进入自然演替的进程。如果强行进行绿化,将会在很长一段时间内被大自然所约束,进而造成诸如物种入侵、土地退化、生物多样性下降等灾难。

模拟天然植物群落的基本思路:生物多样性并非单纯的物种聚集,植物种植要尽量增加其多样性。在植物的配置上,不仅要注意其观赏特征的对应和互补,还要注意物种的生态习性;在尊重植被类型组成、演替规律、构造特征的基础上,以植物群落为基础,重现其群落的特性。遵循自然法则,运用生物修复技术,构建层次丰富、功能多样的植物群落,提高其自我维持、更新和发展的能力,提高其稳定性和抗逆性,降低人为的管理,从而达到可持续的维持和发展。

(三)不同生境的栽植方法

在进行植物配置时,要因地制宜、因时制宜,保证植物的正常生长,并充分利用其观赏性,以达到所谓的"风景"效果。譬如:大量的人造草坪,不仅造价昂贵,还需要大量的肥料,一旦大量的草地与地面接触,就会导致水体的富营养化,以致污染水体。

生态位指的是物种在整个系统中的功能和空间位置。在园林规划中,应充分考虑植物的生态位特点,合理地选择和配置植物群落。在有限的土地上,乔、灌、藤、草、地被植物和水的组合,并在不同的高度、颜色、季节等条件下,合理地利用不同的空间资源,形成一个多层次、多结构、多功能的植物群落,形成一个稳定的、持久的、多层次的复合混交式立体植物群落。

植物的选择主要受到生态因素的影响,在园林种植上,既要根据基地的情况选用合适的树种,又要注重景观和功能,改善环境状况。树木和周围环境存在着"互适"关系。以"适地适树"为基本原则,既能保证苗木的存活率,又能减少成本,还能减少日常维护和管理成本。

合理控制栽植密度,植物配置的最小间距为 $D = \dfrac{A+B}{2}$。其中 A、B 为相邻两株树木的冠幅,B 为两株树木的间距。复层结构绿化比例,即乔、灌、草配植比例是直接影响场地绿量、植被、生态效应和景观效应的绿化配置指标。据调查研究,理想的景观环境为 100% 绿化覆盖率,复层植物群落占绿地总面积的 40%～50%,群落结构一般三层以上,包括乔木、灌木、地被。

1.建筑物附近的栽植

在园林环境中,植物与建筑之间有很好的互动关系。建筑物周围的环境条件比较复杂,地下部分的管线、沟槽等往往占用地下空间,植物和材料具有两极性,地下部分的植物与地面部分具有相似之处。地面和地面上的树木都在生长,所以地面和地面上的植物都要有充足的养分。因此,在植物的种植设计中,既要考虑植物和地上部分的形态特点,又要考虑植物在生长中的扩展和变异,以免与地基管道发生冲突。接近建筑物的树木,其根部通常会向建筑内部的地下延伸,一方面会对建筑物的地基造成损害,另一方面由于树根对水分的吸收,导致土壤的收缩,进而导致室内地板开裂。特别是在重质的黏土中,裂纹更加严重。其中榆树、杨树、柳树、白蜡等都是这种情况,所以在栽植时一定要留有一定空间。一般要保持与树木相同,并保持至少 2/3 的高度。

2.湿地环境植物栽植

水生植物常年生活在水中,根据生态习性的不同,可以划分为五种类型,其分别适宜生长在不同水深条件中。挺水植物常分布于 0～1.5 米的浅水处,其中有的种类生长于潮湿的岸边,如芦、蒲草、荷花等;浮水植物适宜水深为 0.1～0.6 米,如浮萍、水浮莲和凤眼莲等;沉水植物的植物体全部位于水层下面、营固着生活的大形水生植物,如苦草、金鱼藻、黑藻等;沼生植物仅植株的根系及近于基部地方浸没水中的植物,一般生长于沼泽浅水中或地下水位较高的地表,如水稻、菰等;水缘性植物生长在水池边,从水深 0.2 米处到水池边的泥里都可以生长。

不同水生植物除了对栽植深度有所不同外,对土壤基质也有相应的要求,景观栽植中应注意不同水生植物的生态习性,创造相应的立地条件。

3. 坡面栽植

由于土壤和石料的堆填,使边坡的土石方裸露,造成水土流失,影响植被生长。坡地绿化对生态环境、涵养水源、防治土壤侵蚀、山体滑坡、净化大气等都有很大的作用。

坡地种植的结果与选择的植物材料有很大关系。发达的根系固土植物具有良好的土壤保护作用,在国内外已有大量的研究,利用发达的根系植物进行护坡固土,不仅能起到固土、保护土壤、防止土壤侵蚀、保护生态环境的作用,而且还能起到园林造景的作用,为城市河道护坡提供了参考。固土植物有:沙棘林、刺槐、黄檀、胡枝子、池杉、龙须草、金银花、黄穗槐、油松、黄花、常青藤、蔓草、芦苇、野菱草等。长江中下游地区,还可以选择芦苇、野菱白等,并根据当地的气候选择合适的作物。

根据种植方式的不同,可将其分为:播种法和播种法。播种法是对草本植物进行造林,对其他植物进行造林。根据是否采用机械方法,可以将播种方法分为机械播种和手工播种;根据播种法的不同,可以分为点播、条播和撒播三类。

4. 屋顶种植

屋顶种植是一种不占地面面积的绿化方式,其使用范围日益扩大。屋顶种植的价值,不仅仅是为了增加城市的绿化,还可以减少建筑材料的辐射热量,降低热岛效应,改善建筑的小气候环境,提高建筑的热工效率,改善城市的环境。

技术上的问题是屋顶种植的关键。屋顶绿化的首要任务就是要解决建筑的防水问题。不同类型的屋面结构需要选用不同的结构设备。如果屋顶上的植物依然是平地,那就不太合适了。由于屋顶种植的实际问题是置换困难,所以在植物的选择上应注重寿命,尽可能地选用寿命长、置换方便的植物,置换期通常为10年。同时,屋顶的基质和植物组成的合理性也是一个值得认真思考的问题。在大坡度的屋面覆盖层厚度接近 0.5 米时,若只栽植草本,无论从设计还是绿化方法上都不适合。

屋面种植结构层主要包括:屋面构造层、保温隔热层、防水层、排水层、过滤层、土壤层、植物层等。

第一、保温:可选用聚苯乙烯泡沫塑料,在铺设时要注意上下找平密接;

第二,防水:在屋顶进行绿化时,必须尽量避免漏水,应采用复合防水;

第三,排水层:置于防水层之上,可配合屋面雨水管道排出多余的水分,减少防水层的负荷;

第四是植树层:通常以无土为主,以蛭石、珍珠岩、泥炭、腐殖质、草炭土、沙土为主要原料。

种植屋顶的防水层具有防水、防止根系渗透的作用。目前,种植屋顶的防水材料有改性沥青、聚氯乙烯、EPDM 等,但由于种植屋顶承载力大、使用寿命长、维修困难等原因,目前国外已有大量的叠层改性沥青防水层,但沥青基防水层的阻根性很差,因此必须通过阻根剂、铝箔、铜蒸汽等方法来解决。只要 PVC 和 EPDM 防水卷材的厚度大,就可以用来铺植屋顶,也可以铺在有沥青卷材做底层防水的上层,构成多层防水,因此可以大力开发阻根层改性沥青防水层,满足精细耕种屋顶的需要,并适当开发 PVC 和 EPDM 防水卷材,逐步形成多元化的防水材料系统。

三、可持续景观材料及能源

莱尔(Lyle)指出,"生物与非生物最明显区别在于前者能够通过自身的不断更新而持续生存。"他认为,由人工设计建造的现代化景观应当具有在当地能量流和物质流范围内持续发展的能力,而只有可再生的景观才可以持续发展。正如树叶凋零,来年又能长出新叶一样,景观的可再生性取决于其自我更新的能力。城市景观环境规划设计过程中,不可避免地要处理这类问题。因此,景观设计应当采用可再生设计,即实现景观中物质与能量循环流动的设计方式。绿色生态景观环境设计提倡最大化利用资源和最小化排废弃物,提倡重复使用,永续利用。

景观材料和技术措施的选择对于实现设计目标有重要影响。景观环境中的可再生、可降解材料的运用,废弃物回收利用以及清洁能源的运用等是营造可持续景观环境的重要措施,从上述诸措施着手,统筹景观环境因素间的关系,是构建可持续景观环境的重要保证。

(一)生态厕所

作为景观环境的配套环卫基础设施,生态公厕是指具有不对或较少对环境造成污染,并且能够充分利用各种资源,强调污染物自净和资源循环利用概念和功能的一类厕所。根据不同的进化措施,目前社会上已经出现了生物自净、物理净化、水循环利用、粪污打包等不同类型的生态厕所。

生态厕所主要特点有以下几个方面：

1. 粪污无害化

将厕所收集的粪污进行就地处理或异地处理，使粪污无害化后再回归于环境。进行粪污处理时，可以将回收粪污中的有用成分用于制肥或回收水资源，使得粪污从无害化走向资源化。

2. 节能、节水

生态厕所应具备粪便处理回收水的功能，也有一些厕所不用或少用水冲方式而达到洁净目的。这些厕所在使用上具有独立性，特别是对水资源的需求较少，具备节水特点。还有一些厕所利用太阳能作为取暖能源。

3. 应用范围广

由于生态厕所减少了对外界资源的依赖性，因此，生态厕所可以广泛地应用于环境和条件受限制的地域。在立地条件不是很理想的景观环境中，生态公厕的安装使用较普通厕所更为便利。

目前，我国已开发出一种太阳能生态厕所。太阳能厕所的基本原理是在建筑物的外墙上加隔热屋，在阳面上形成集热墙。在集热器壁面的下部设置可调节通风孔，通过物理原理，将人体内的热量和室内的冷空气自然循环，将太阳能转化为电能，从而在冬天增加厕所内的温度，防止厕所内的水管被冻裂。太阳能厕所比有暖气的公共厕所节能、运行费用低。生态厕所是利用微生物技术对污水进行处理，经过三个阶段的脱臭、分解和发酵，再将其转化为 CO_2 排放到大气中，对周边环境无任何影响。经过试验，不仅具有清洁、安全、节能的特点，还解决了以往常规卫生间废水的二次污染问题。该环保厕所的建成，不仅节省了大量的水资源，也大大降低了城市的排污。

为解决城市生活污水的污染，改变常规标准化粪池对城市和农村天然水体造成的严重污染，现已研制出一种安装简便、易于工厂化的、高效、集成的生化化粪池。该产品是一种介于化粪池与非动力污水处理装置的中间产品，它可以替代旧式的化粪池，并具有良好的净化效果。

(二)可再生材料的使用

景观材料与工程技术，在建筑材料、工程技术等基础要素的基础上，通过减少、重复利用、循环利用等手段，达到可持续的景观效果。所有在建筑和经营过程中使用的原料，归根结底是来自于地球上的自然资源，包括水、森林、动物等可再生资源，以及石油、煤炭等不可再生资源。为了实现人类生活的可持续发展，必须保护和利用非再生能源。然而,可再生能源的再生能力也是有限的,所以,在景观设计中,可再生材料的利用也要体现出集约的理念。

在景观设计中,人们总是提倡采用自然材料、植物材料、土壤和水源,但在木材、石材等天然材料的应用上要谨慎。众所周知,石头是一种不能再利用的物质,如果大量使用天然石头,就会造成对自然山地的开发和破坏,以牺牲自然景观换取人造的景观环境是不可取的。但木材虽然可以再生,但其生长周期较长,特别是一般的硬杂木,都不是速生树种,使用这种材料在某种程度上也会造成环境损害。而且,这些材料和木材都很难利用,一旦被改造,就会变成"垃圾",对环境造成二次污染。因此,要加强对可再生资源的开发利用。这些材料具有自重轻,易加工成型,安装方便,施工周期短等特点,应提倡采用金属材料,如钢结构。另外,由于景观环境的特殊性,全天候、流量大,所以除了可再生的特性外,还应该注重材质的寿命,可以长时间不需要更换和保养的材料也是符合可持续发展的原则。

以可持续发展理念为基础的材料研究,将是继"钢""混凝土"后的另一场物质革命。"钢"与"混凝土"一度使建筑结构完全解放,同时促成了现代建筑运动的成功,加速了由手工制造向工业化的过渡。而由后工业化向可持续发展的转变,意味着新一轮的物质定义。由于能源、资源和生态问题都是由物质引起的。这场新的物质革命着重于充分利用物质的自然属性和可再生的观念,同时也注重对有限自然资源的合理使用。在园林建筑中,按照物质材料的再生观念,按照材料再生过程中的不同特点,以及处理过程中能耗的差异,进行分类。选择可再生的、可降解的、可重复种植的、可重复使用的,或直接从可再生的资源中提取。同时,也要将所有的内容都看得清清楚楚,而不是将它们全部吸收到自己的作品中。这种失效的材料,可以简单地分离、拆卸,而不会对其他材料造成任何影响。

园林环境中可再生材料有金属材料、玻璃材料、木制品、塑料制品、膜材料等。像金属材料,很多新材料的使用并不是从园林设计入手,因此,重视材料产业的发展,注重其他方面的应用,将有助于我们在景观中发掘新的材料,或是对传统的园林材料进行新的利用。

1. 金属材料

在园林建筑中,金属材料被广泛地运用。与其它材质如石材相比,它具有可再生性、耐候性、易于加工、易于施工和维修的优点。在园林绿化中,常见的材料有钢材、不锈钢、铝合金等。不锈钢不易腐蚀,可永久保存结构构件的整体设计。同时,它还具有较高的机械强度和较高的延展性,便于零件的加工和制作,能很好地满足园林设计师的需求。耐候钢的制造原理是将微量元素添加到钢材上,使其表面形成一种具有高度黏附力和致密的保护膜,防止锈蚀向内蔓延,从而保护底层的基底,从而降低腐蚀速率,延长其使用寿命。耐候钢以其特有的颜色与纹理融入园林的设计中,展现了其独到的艺术魅力。镀锌钢板是一种用于园林绿化的新型钢板,其表面镀上1毫米左右的金属锌,可起到防腐的效果。采用挤压变形的镀锌钢板,赋予了园林环境的质感美感和丰富的细节。铝合金的延伸率和耐蚀性都很好。

(1)可再生性

金属材料属可循环利用材料,可回收再加工,不会损害后续产品的质量,环保性强。回收利用是金属的一大优势,因为熔化金属耗费的能源很少。通常金属废料的再利用率可以达到90%,其中钢材料100%。

(2)耐候性、耐久性:许多金属材料具有良好的耐候性、耐久性。金属表面还可做涂层处理,以保护金属材料,提高耐久性。不同涂漆的性能主要表现在耐候性上。常用的涂漆方法有电泳涂漆、静电粉状喷涂、氟碳喷涂等。氟碳喷涂是目前广为使用的、耐候性最佳的涂料材料。

(3)易加工性:金属材料延展性好、韧性强,易于工厂化规模加工,机械化加工精密,可以降低人工成本、缩短期,在景观环境中其较强的可塑性,可以满足设计的多样化需求。由于处理的方法不同,金属材料可呈现出不同的视觉以及触觉效果。平滑的铝板、不锈钢板能体现现代技术以及工艺美;铜板材料表现出现代感与历史感的结合;波纹板则给设计带来丰富的细部;自然未处理的钢板容易留下自然和时间的印记。

传统的景观材料如石材、木材等大部分为天然材料,金属这一人工材料与其他天然材料的搭配使景观的变化更为丰富,能够展现出人工美与自然美的对比与交融。金属材料形式众多,色彩丰富,能够表现出各种复杂的立体造型,纹理及质感的效果,可针对景观环境特征有选择地使用各类金属材料。

(4)易施工性:金属材料质量较轻,可以减少荷载,现场施工装配较为便利。

(5)易维护性:多数金属材料具有易维护的特点,材料管理便利,有效降低人工成本。

2. 玻璃材料

玻璃属于一种原料态资源,因为玻璃的主要成分是二氧化硅,一般玻璃制品不会污染环境。随着技术的发展,玻璃材料在景观环境中运用不仅限于围护构件,亦可以作为承重构件,从而增添了景观的可变性和趣味性。不同的玻璃材料具有不同的内在属性,在景观环境中发挥了特殊的功能作用。

(1)透光性:玻璃制品最大的特性是透光性。不同的玻璃材料具有不同的透光度。超白玻璃是一种低含铁量的浮法玻璃,具有高透光率。玻璃砖和毛玻璃均具有透光不透影的特点。玻璃砖的运用给景观环境带来朦胧感,在夜景亮化中起到奇特的作用。

(2)耐候性:玻璃制品一般不受自然气候的腐蚀,理论耐久年限可以超过100年。

(3)一定的机械性能。

第一,钢化玻璃是一种预应力玻璃,为提高玻璃的强度,通常使用化学或物理的方法,在玻璃表面形成压应力,玻璃承受外力时首先抵消表层应力,从而提高承载能力,增强玻璃自身抗风压性、寒暑性、冲击性等。

第二,夹胶玻璃强度高且破碎后玻璃碎粘连在一起,不易伤人,安全性高。在景观环境中,夹胶玻璃通常用于易受人体冲击的部位。

第三,镀膜玻璃具有良好的遮光性能和隔热性能,镀膜反射率可以达到20%~40%。

第四,中空玻璃由于其特殊的中空构造,大幅度提高了保温隔热性能和隔声性能,具有极好的防结露特性,适用于景观建筑、小品。

(4)易加工性:玻璃材料易于工厂化规模加工,可根据设计要求定制各种类型、形状;机械化加工精密,玻璃制品平整度较高。

3. 木制品

木材和木制品的运用在国内相当丰富。木材往往具有以下材料特性:

(1)热性能:木材的多孔性使其具有较低的传热性以及良好的蓄热能力。

(2)机械弹性:木材是轻质的高强度材料,具有很好的机械弹性性能,根据木材的各向异性,在平行于纹理的方向上显示出良好的结构属性。

(3)易加工性:景观环境中的木制小品,可以根据需要加工定制。

由于木材取材于自然森林,虽然属于可再生材料,但是由于成材周期长,大量使用原木并不是很经济,在一定程度上影响了原产地的生态环境。木材等天然耐腐蚀性较差,养管比较复杂,人为添加化学防腐材料往往容易造成二次污染。

除了原木可以作为造景材料外,植物的"废料",如剥落的皮、叶、枝条等也可以直接或间接作为景观材料使用。南京大石湖景区中利用棕皮覆盖树池,生态美观、独具特色,经济实用,凸显郊野风情。

4. 塑料和膜材料

随着工业技术的不断发展,塑料制品的性能逐渐改良,一些新型的塑料和膜材料逐渐成为景观环境的构成元素,它们往往具有以下特性:

(1)质轻高强、绝缘性能高、减震性能好。有机玻璃是一种使用广泛的热塑性塑料,抗冲击强度约为等厚度玻璃的 5 倍,具有极佳的透光性;PC 板单位质量轻,具有极佳的强度,它是热塑性塑料中抗冲击性最好的一种。如今广泛使用的膜材料能够很好地满足防火需求。

(2)化学性能稳定:一些热塑性塑料具有良好的抗化学腐蚀性,如 PC 板、ET-FE 薄膜,后者由于耐候性较好,寿命可以长达 25~30 年。

(3)自洁性较好:膜材料表面采用特殊防护涂层,自洁性能好,可以大幅度减少维护费用。

(4)易于加工成型:塑料和膜材料可塑性较强,如 ETFE 可以加工成任何尺寸和形状,尤其适于景观环境中大跨度构筑物,膜结构的形体更为自由,形式众多的刚性和柔性支撑结构以及色彩丰富的柔性膜材使造型更加多样化,可以在景观空间中创造出各种自由的、更富有想象力的形体。

在大丰银杏湖公园的露天剧场上,设计了一组张拉膜结构,喇叭花状的造型,极具现代感。

种植网格是通过热焊接的高密度聚乙烯条制成,具有较好的聚合量。它结合了防收缩与排水设施,为坡面提供控制腐蚀、固定地面以及挡土墙的设施。设计师在高层建筑间的一段不宜种植的狭长地带营造出尺度宜人的实用景观,以艺术的手段解决了高层建筑所带来的压迫感。半球形绿化的形成依托于种植网格的运用,这种半球形结构使树木的根球能够保持在地坪以上。

(5)易施工:塑料和膜材料及支撑结构现场安装较为方便,施工周期短。

(三)可降解材料的使用

近年来,可生物降解材料是人们关注的一个热点课题。生物可降解性与可再生资源制备是两种不同的概念。天然生成的聚合物,如纤维素或是天然橡胶是可生物降解的,但是生物可降解性是与物质的化学结构有关,此结构是由可再生资源或矿物资源制备的。

1. 纳米塑木复合景观材料

通过在 PE/PP 塑料颗粒原料中添加一定比例的含有木质纤维填料和加工助剂,经由高混机混合后,利用专用加工设备和模具生产出具有天然木材特性的纳米 PE/PP 塑木复合景观及建筑材料制品。

性能特点：

(1)天然质感、强度高：保留了天然木纤维纹理、木质感，与自然环境相融合。摒弃了自然木材易龟裂、易翘曲变形等缺陷，这种材料的强度是木材的 7 倍以上。

(2)可塑性强：尺寸、形状、厚度可根据设计定制；通过加入着色剂、覆膜等后期加工处理技术可制成色彩绚丽、质感逼真的各种塑木制品；加工简单，可应用木工加工方法，灵活加工，任何木加工机械都可胜任装配；可钉、可钻、可刨、可粘、可锯、可削、可磨等二次加工。

(3)良好的机械性能：阻燃性好、吸水性小、尺寸稳定性好；具有抗腐蚀、抗摩擦、耐潮湿、耐老化、耐寒、抗紫外线、耐酸碱、无毒害、无污染等优良性能；耐候性较好，尤其适于室外近水景观场所。

(4)易维护、寿命长：平均比木材使用时间长五倍以上，无需定期维护，降低了后期加工和维护的成本费用，使用成本是木材的 $1/4 \sim 1/3$，经济实用。

(5)质坚量轻、绿色环保：材料质坚、量轻、保温；100％可回收循环利用，可生物降解；不含甲醛等有害物质，与环境友好、绿色环保。

2. 可生物降解固土装置

弗瑞希尔公司设计的固土装置是一种为垂直及水平种植而提出的过渡性，可由生物降解的生长系统。固土装置由聚乙烯乳酸和生物聚合物制成，"口袋"型的种植钵会慢慢降解。纤维的多孔性便于雨水灌溉、空气流通和排水。聚乙烯乳酸的吸水性使其能够达到储水的作用，有利于植物的生长。

(四)废旧材料的回收利用

由于生活方式的改变，许多旧有的生活设备和生活用品被抛弃，旧的工业设备也在逐步的被取代和废弃，产生了大量的生活必需品，拆迁后的建筑垃圾，工业化的生产资料。

从可持续的景观环境建设的观点出发，将废弃材料用作环境创造要素，将会带来经济与环境的双重效益。利用废弃的物料塑造景观环境，回收废物，降低新物料的需求量。对原料进行拆分和重新组合，使其具有新的作用。该方法既能高效地处置旧物料，又能节省新物料的采购成本，还能使"旧"与"新"达到最大限度地利用，满足城市园林生态可持续发展的需要。把老的和新的东西相结合，常常会有新鲜感。废弃物料可以就地利用，降低运输成本，降低建筑成本，另外，废弃物料可以转换为能量，降低能耗。

参考文献

[1]李永昌.景观设计思维与方法[M].石家庄:河北美术出版社,2018.

[2]刘谯,刘滨谊.景观形态思维与设计方法研究[M].上海:同济大学出版社,2018.

[3]张毅,严丽娜,朱淳作.室内设计新视点新思维新方法丛书室内绿化及微景观设计[M].北京:化学工业出版社,2021.

[4]闻晓菁,严丽娜,刘靖坤.景观设计新视点·新思维·新方法:丛书景观设计史图说[M].北京:化学工业出版社,2016.

[5]刘谯,张菲著;吴卫光主编.城市景观设计[M].上海:上海人民美术出版社,2018.

[6]邓蒲兵.景观设计手绘表现[M].上海:东华大学出版社,2016.

[7]钟丹,应莉,张鹏举.景观空间设计与创意[M].石家庄:河北美术出版社,2017.

[8]郝鸥,谢占宇.景观设计原理[M].武汉:华中科技大学出版社,2017.

[9]胡晶,汪伟,杨程中.园林景观设计与实训[M].武汉:华中科技大学出版社,2017.

[10]李士青,张祥永,于鲸.生态视角下景观规划设计研究[M].青岛:中国海洋大学出版社,2019.

[11]李璐.现代植物景观设计与应用实践[M].长春:吉林人民出版社,2019.

[12]田勇编.景观规划与设计案例实践[M].长春:吉林大学出版社,2020.

[13]丛林林,韩冬.园林景观设计与表现[M].北京:中国青年出版社,2016.

[14]刘滨谊.现代景观规划设计·第4版[M].南京:东南大学出版社,2017.

[15]王祝根,张青萍.景观设计基础理论[M].南京:东南大学出版社,2012.

[16]王冬梅.园林景观设计[M].合肥:合肥工业大学出版社,2015.

[17]王国彬,刘贯,石大伟编.景观设计[M].北京:中国青年出版社,2009.

[18]彭丽.现代园林景观的规划与设计研究[M].长春:吉林科学技术出版社,

2019.

[19]林瑛.景观设计[M].合肥:合肥工业大学出版社,2014.

[20]魏瑛,游娟,贺丽.室外景观[M].上海:上海人民美术出版社,2015.

[21]邓蒲兵;孙大野,王姜.景观快题范例解析[M].沈阳:辽宁科学技术出版社,2017.

[22]郝鸥,陈伯超,谢占宇.景观规划设计原理[M].武汉:华中科技大学出版社,2013.

[23]朱向红.景观设计[M].广州:岭南美术出版社,2006.

[24]王裴.园林景观工程数字技术应用[M].长春:吉林美术出版社,2018.

[25]成玉宁.现代景观设计理论与方法[M].南京:东南大学出版社,2010.

[26]杜健,吕律谱编.景观草图大师之路衍生、推敲、表达[M].武汉:华中科技大学出版社,2018.

[27]赵军.景观设计基础[M].西安:陕西人民美术出版社,2011.

[28]陈伯超.景观设计学[M].武汉:华中科技大学出版社,2010.

[29]李林.手绘前沿 景观规划设计中的绘画实践[M].沈阳:辽宁科学技术出版社.2010.

[30]王向荣,林箐.西方现代景观设计的理论与实践 图集[M].北京:中国建筑工业出版社.2002.